Faktencheck Energiewende

Thomas Unnerstall

Faktencheck Energiewende

Konzept, Umsetzung, Kosten – Antworten auf die 10 wichtigsten Fragen

Thomas Unnerstall
Stockstadt am Rhein, Deutschland

ISBN 978-3-662-49776-0   ISBN 978-3-662-49777-7 (eBook)
DOI 10.1007/978-3-662-49777-7

Die Deutsche Nationalbibliothek verzeichnet diese Publikation in der Deutschen Nationalbibliografie; detaillierte bibliografische Daten sind im Internet über http://dnb.d-nb.de abrufbar.

© Springer-Verlag Berlin Heidelberg 2016
Das Werk einschließlich aller seiner Teile ist urheberrechtlich geschützt. Jede Verwertung, die nicht ausdrücklich vom Urheberrechtsgesetz zugelassen ist, bedarf der vorherigen Zustimmung des Verlags. Das gilt insbesondere für Vervielfältigungen, Bearbeitungen, Übersetzungen, Mikroverfilmungen und die Einspeicherung und Verarbeitung in elektronischen Systemen.
Die Wiedergabe von Gebrauchsnamen, Handelsnamen, Warenbezeichnungen usw. in diesem Werk berechtigt auch ohne besondere Kennzeichnung nicht zu der Annahme, dass solche Namen im Sinne der Warenzeichen- und Markenschutz-Gesetzgebung als frei zu betrachten wären und daher von jedermann benutzt werden dürften.
Der Verlag, die Autoren und die Herausgeber gehen davon aus, dass die Angaben und Informationen in diesem Werk zum Zeitpunkt der Veröffentlichung vollständig und korrekt sind. Weder der Verlag noch die Autoren oder die Herausgeber übernehmen, ausdrücklich oder implizit, Gewähr für den Inhalt des Werkes, etwaige Fehler oder Äußerungen.

Planung: Margit Maly

Gedruckt auf säurefreiem und chlorfrei gebleichtem Papier

Springer ist Teil von Springer Nature
Die eingetragene Gesellschaft ist Springer-Verlag GmbH Berlin Heidelberg

*Für
Gerhard Goll
und
Harald B. Schäfer (†)*

Vorwort

Die Energiewende ist ein merkwürdiges Phänomen. Regelmäßig kann man in den Medien in Kommentaren, Leitartikeln, Vorträgen und Talkshows Attribute wie „chaotisch", „in der Sackgasse", „ineffizient", „teuer", „paradox", „schon gescheitert" etc. finden bzw. hören, wenn es um die Energiewende geht; dennoch sind auch nach jüngsten Umfragen weiterhin über 3/4 der Bürger und über 3/4 der Manager in Wirtschaftsunternehmen Befürworter der Energiewende. Und andersherum: In seltener Einmütigkeit bekennen sich auch alle im Bundestag vertretenen Parteien zum Projekt „Energiewende"; dennoch gibt sie Anlass zu permanentem, oft lautstarkem Streit unter den Parteien, in der Koalition und nicht selten auch innerhalb von Parteien.

Blickt man jenseits der aktuellen Medien auf die Literatur zur Energiewende, so ist diese zwar durchaus zahlreich. Es fällt aber auf, dass die meisten Bücher vor allem einzelne bestimmte Aspekte der Energiewende thematisieren, ohne diese Aspekte in den Gesamtzusammenhang einzuordnen; und es fällt auf, dass die meisten Bücher – oft schon am Titel erkennbar – von einem bestimmten, wertenden Standpunkt aus geschrieben wurden.

Aus der Unzufriedenheit mit dieser Sachlage ist dieses Buch entstanden. Sein Hauptanliegen ist es, die Energiewende zum einen *umfassend* zu beschreiben und zu strukturieren, zum anderen *ohne ideologische Brille*, ohne Apriori – Standpunkt in den Blick zu nehmen. Unser Ziel ist daher eine nüchterne Zusammenstellung der wesentlichen Daten, Fakten und Argumente zur Energiewende. Das Buch möchte den Leser in die Lage versetzen, sich auf dieser Basis selbst ein Urteil zur Energiewende und zum Stand ihrer Umsetzung zu bilden.

Es geht hier, anders gesagt, also nicht darum, den vielen Meinungen zur Energiewende eine weitere hinzuzufügen und den Leser dafür zu gewinnen; es geht um Orientierung, um Transparenz, um konzentrierte, strukturierte Information.

Das Buch wendet sich damit nicht nur an ein Fachpublikum, sondern in erster Linie an den am politischen und gesellschaftlichen Zeitgeschehen interessierten Bürger; es setzt keine spezifischen Vorkenntnisse voraus.

Wenn wir von einer „umfassenden Beschreibung" der Energiewende sprechen, müssen wir eine wesentliche Einschränkung machen: Dieses Buch konzentriert sich auf den Energieträger Strom; d.h. wir sagen nichts über die Energiewende im Wärmebereich und im Verkehrsbereich. Diese Einschränkung hat zwei Gründe: Zum einen wäre das Buch sonst einfach zu umfangreich geworden, zum anderen fokussiert sich die bisherige politische Arbeit an der Energiewende und entsprechend auch die öffentliche Diskussion ganz weitgehend auf den Strombereich.

Der inhaltlichen Zielsetzung entsprechen der Aufbau und der Stil dieses Buches:

- Wir konzentrieren uns durchgehend auf die Grundstrukturen, wesentliche Zahlen, zentrale Aspekte (und vernachlässigen Details und Ausdifferenzierungen).
- In der Regel sind die Zahlen großzügig gerundet, um einprägsamer zu sein und einfache, schnelle Vergleiche zu ermöglichen.
- An die Stelle von längeren Fließtexten treten oft kürzere, prägnante Aufzählung der wesentlichen Gedanken und Fakten.
- An vielen Stellen – insbesondere am Ende der meisten Abschnitte, Kapitel und Teile – fassen wir die wichtigsten Aspekte noch einmal in hervorgehobener Form zusammen.
- Wir verzichten im Text durchgehend auf einzelne Quellenangaben zu den Zahlen und Fakten; stattdessen führen wir im Anhang die wichtigsten Quellen für diese Arbeit auf. Insbesondere sind fast alle in diesem Buch verwendeten Daten öffentlich, d. h. im Internet, verfügbar.

Unser Ziel ist es, dem Leser nicht nur inhaltlich, sondern auch formal einen schnellen, konzentrierten Überblick zu ermöglichen. Dementsprechend kann man dieses Buch in seinen wesentlichen Aussagen einer halben Stunde lesen – wenn man sich auf die Zusammenfassungen und den vierten Teil beschränkt.

Dieses Buch ist keine wissenschaftliche Arbeit, aber es hat den Anspruch, alle wesentlichen Fakten und Argumente bezüglich der Energiewende und ihrer Umsetzung insgesamt (bezogen auf den Strombereich), aber auch bezüglich der einzelnen Fragestellungen aufzuführen. Trotz entsprechender

Sorgfalt kann ich aber nicht hoffen, dass mir das überall gelungen ist. Daher freue ich mich über konstruktive Kritik, Ergänzungen und Anregungen.

Gewidmet ist dieses Buch meinen beiden verehrten Mentoren Gerhard Goll, ehemaliger Vorstandsvorsitzender der EnBW AG, und dem leider viel zu früh verstorbenen Harald B.Schäfer, ehemaliger Umweltminister des Landes Baden-Württemberg. Beide haben mich in unterschiedlicher Weise geprägt, beide zusammen haben mich vor 20 Jahren in die Energiewirtschaft gebracht, und ohne sie wäre daher dieses Buch nicht denkbar. Erst im Laufe meines weiteren Berufslebens ist mir klar geworden, welch' großes, ja welch' im wörtlichen Sinne unwahrscheinliches Glück ich gehabt habe, von diesen Persönlichkeiten ein Stück weit begleitet worden zu sein.

Am Schluss ist es mir ein besonderes Anliegen, den Menschen Dank zu sagen, die am Entstehen dieses Buches beteiligt waren. An erster Stelle möchte ich meinem Freund aus Schultagen, Herrn Dr. Ulrich Dieckert, danken, der mich nachdrücklich ermuntert hat, das Buch zu schreiben, der mir viele wertvolle Anregungen im Entstehungsprozess gegeben hat. Ein ebenso herzlicher Dank gebührt meinem Freund Herrn Prof. Dr. Ulrich Parlitz, der den Kontakt zum Springer-Verlag hergestellt hat und der die erste Fassung des Manuskripts sorgfältig gelesen und es mit wichtigen Hinweisen bereichert hat. Auch Herr Dr. Bernd-Michael Zinow hat mir dankenswerter Weise die Ehre erwiesen, den ersten Entwurf durchzulesen und zu kommentieren. Herzlich danken möchte ich auch den vielen Gesprächspartnern aus der Energiewirtschaft, mit denen ich mich in den letzten Jahren zu verschiedenen Aspekten der Energiewende austauschen konnte; namentlich erwähnen möchte ich in diesem Zusammenhang die Herren Prof. Peter Birkner, Ralf Klöpfer, Dr. Christoph Müller, Harald Noske, Jörg Stäglich, Norman Villow und Guido Wendt.

Einen ganz besonderen Dank verdient haben meine Frau und mein kleiner Sohn für ihre Geduld, wenn der Mann bzw. der Papa sich am Wochenende an den Schreibtisch gesetzt hat, anstatt die Zeit mit der Familie zu verbringen.

Schließlich danke ich auch dem Springer Spektrum Verlag und insbesondere meiner Lektorin Frau Margit Maly für die ausgesprochen freundliche, konstruktive und zügige Zusammenarbeit.

Heilsbronn, Deutschland
im Januar 2016

Abkürzungsverzeichnis

BHKW   Blockheizkraftwerk
BIP   Bruttoinlandsprodukt
BNA   Bundesnetzagentur
CCS   Carbon Capture and Storage
        (Technologie zur CO_2-Filterung und -Lagerung)
DL   Dienstleistungssektor
DSM   Demand Side Management
EE   Erneuerbare Energien
EEG   Erneuerbare-Energien-Gesetz
EEX   European Energy Exchange (Strombörse)
EnWG   Energiewirtschaftsgesetz
ETS   Emission Trading System (europäisches Handelssystem)
EVU   Energieversorgungsunternehmen
EU   Europäische Union
GW   Gigawatt
GWh   Gigawattstunde
INDC   Intended Nationally Determined Contributions (Geplante nationale festgelegte Beiträge zum Klimaschutz)

kW	Kilowatt
kWh	Kilowattstunde
KWK	Kraft-Wärme-Kopplung
Mio.	Million
Mrd.	Milliarde
MW	Megawatt
MWh	Megawattstunde
PEV	Primärenergieverbrauch
PV	Photovoltaik
TWh	Terawattstunde
UBA	Umweltbundesamt
ÜNB	Übertragungsnetzbetreiber
/a	pro Jahr

Inhaltsverzeichnis

1	**Einleitung – um was geht es in diesem Buch?** ...	1
	Zehn Fragen	1
	Wesentliche Basisdaten	4

Erster Teil	**Energiewende – was steckt dahinter?** .	11

2	**Drei Ziele der Energiewende – Beschreibung** ..	15
	Abschaltung der Kernkraftwerke	16
	Ausbau der erneuerbaren Energien (EE) bei der Stromerzeugung	18
	Erhöhung der Stromeffizienz	20
	Zielzustand 2050	21
3	**Drei Ziele der Energiewende – Analyse**	23

4 Vier Motive der Energiewende – Beschreibung 27
Motiv 1: Senkung der CO_2-Emissionen 29
Motiv 2: Ausstieg aus der Kernenergie 32
Motiv 3: Senkung der Abhängigkeit von fossilen
Energieträgern (Erdöl, Erdgas, Kohle) 33
Motiv 4: Förderung von Innovationen/
Exportchancen der deutschen Wirtschaft 35

5 Vier Motive der Energiewende – Analyse 37
Vier Motive – ein grundsätzlicher Blick 37
Zum Verhältnis Motive – Ziele 38
Bedeutung der quantitativen Zieldimensionen ... 40

6 Rahmenbedingungen der Energiewende – Beschreibung 47
Versorgungssicherheit 51
Wirtschaftlichkeit/Kosteneffizienz 51
Systemkonformität/Marktwirtschaft 52

7 Rahmenbedingungen der Energiewende – Analyse 55
Einordnung 55
Spannungsverhältnisse 56
Eindeutigkeit der Energiewende-Zukunft 57
Berechtigte und unberechtigte Diskussionen 59

8 Systemische Folgen 65
Art der erneuerbaren Energien 1 67
Art der erneuerbaren Energien 2 71
Netzausbau – die räumliche Dimension 77

Volatilität – die zeitliche Dimension	82
Kleinteiligkeit der Energielandschaft	92
Flächenbedarf, physische Präsenz der EE	97
Folgen für den konventionellen Kraftwerkspark und für die etablierte Energiewirtschaft	99
Systemische Folgen – Fazit	104

Zweiter Teil Energiewende – wo stehen wir heute? 109

9 Einführung 111

10 Status quo 2015 – Ziele 115
Ziel 1: Abschaltung der Kernkraftwerke 115
Ziel 2: Ausbau der erneuerbaren Energien 116
Ziel 3: Steigerung der Energieeffizienz 116

11 Status quo 2015 – Motive 119
Motiv 1: Senkung der CO_2-Emissionen 119
Motiv 2: Ausstieg aus der Kernenergie 127
Motiv 3: Senkung der Abhängigkeit von fossilen Energieträgern 128
Motiv 4: Förderung von Innovationen/ Exportchancen der deutschen Wirtschaft 130

12 Status quo 2015 – Rahmenbedingungen 133
Rahmenbedingung 1: Versorgungssicherheit 134
Rahmenbedingung 2: Wirtschaftlichkeit/ Kosteneffizienz 136
Rahmenbedingung 3: Systemkonformität/ Marktwirtschaft 145

XVIII Faktencheck Energiewende

13 Status quo 2015 – Systemische Folgen 151
Art der erneuerbaren Energien 152
Netzausbau 153
Volatilität 160
Kleinteiligkeit der Energielandschaft 163
Flächenbedarf, physische Präsenz der EE 164
Folgen für den konventionellen Kraftwerkspark
und für die etablierte Energiewirtschaft 165

14 Zusammenfassung 175

**Dritter Teil Energiewende –
was kostet sie wirklich?** 179

15 Einführung 181
Bedeutung der Kosten 181
Drei Phasen 182
Zur Methodik 183
Warnung an den Leser 184
Hintergrund: Mechanismus des Erneuerbare-
Energien-Gesetzes (EEG) 185

16 Phase 1 der Energiewende (2000–2014) 189
Kosten 189
Volkswirtschaftliche Effekte nach außen 196
Volkswirtschaftliche Effekte nach innen 199
CO_2-Effizienz 203

Inhaltsverzeichnis XIX

17 Phase 2 der Energiewende (2015–2030) 207
Kosten 208
Volkswirtschaftliche Effekte nach außen 211
Volkswirtschaftliche Effekte nach innen 213
CO_2-Effizienz 214
Zusammenfassung 214

18 Phase 3 der Energiewende (2030–2050) 219

19 Zusammenfassung 223

**Vierter Teil Energiewende – bequeme
und unbequeme Wahrheiten** 227

20 10 Antworten 229
Frage 1: Ist die Energiewende zu teuer für den
einzelnen Privathaushalt? 229
Frage 2: Ist die Energiewende sozial ungerecht? . 230
Frage 3: Gefährdet die Energiewende
die internationale Wettbewerbsfähigkeit
der deutschen Wirtschaft? 233
Frage 4: Sind die Klagen der großen EVU – vor
allem E.ON und RWE – berechtigt, dass sie mit
ihren konventionellen Kraftwerken kein Geld
mehr verdienen? 236
Frage 5: Zerstört die Energiewende
das Geschäftsmodell der Stadtwerke? 239
Frage 6: Kostet die Energiewende tatsächlich
„unfassbar viel Geld" – können wir sie uns
volkswirtschaftlich überhaupt leisten? 240

Frage 7: Sind die großen Stromtrassen von
Norden nach Süden wirklich erforderlich? 244
Frage 8: Hilft die Energiewende
dem Klimaschutz überhaupt – in Deutschland/
weltweit? 248
Frage 9: Ist die Energiewende „alternativlos",
wenn man eine klimaschutzorientierte
Energiepolitik in Deutschland machen will? 252
Frage 10: Ist die Energiewende noch zu retten
oder ist sie schon – in vielerlei Hinsicht –
gescheitert? 256

Anhang 263

Der Autor

Dr. Thomas Unnerstall, Jahrgang 1960, studierte Physik, Mathematik und Philosophie an den Universitäten Göttingen, Freiburg im Breisgau, Tübingen und Cornell/N.Y. (USA). Nach der Promotion in Physik arbeitete er zunächst mehrere Jahre im Umweltministerium Baden-Württemberg, zuletzt als persönlicher Referent des Ministers. Seit über 20 Jahren ist er in leitenden Funktionen in der Energiewirtschaft tätig.

1

Einleitung – um was geht es in diesem Buch?

Zehn Fragen

Es gibt wohl wenige politische Begriffe, die so tief in das öffentliche Bewusstsein eingedrungen sind wie der Begriff „Energiewende". Und es dürfte kaum ein anderes politisches Projekt – oder auch: eine politische Vision – geben, die sich auf einen so breiten Grundkonsens in Politik, Wirtschaft und Gesellschaft stützen kann wie die Energiewende. Schließlich genießt die Energiewende auch international so viel Aufmerksamkeit wie sicherlich wenige andere (innenpolitische) Vorhaben einer deutschen Bundesregierung.

Der wichtigste Grund für diese bemerkenswerte Popularität der Energiewende ist sicherlich der, dass sie sich ja im Kern als deutsche Antwort auf den *Klimawandel* auffassen lässt, der weltweit als eine der, wenn nicht als die größte Herausforderung für die Menschheit angesehen wird.

In bemerkenswertem Kontrast zu diesem Bild gibt es immer wieder intensive öffentliche Auseinandersetzungen rund um die Energiewende, und insbesondere immer wieder heftige Kritik an ihr – mit der Folge, dass viele Bürger (bei ungebrochen positiver Haltung zur Energiewende an sich) mittlerweile skeptisch bezüglich der Umsetzung der Energiewende sind.

Die wichtigsten kritischen Aussagen zur Energiewende sind die folgenden:

- Die Energiewende ist für die privaten Haushalte zu teuer (die Strompreise sind zu hoch).
- Die Energiewende ist sozial ungerecht.
- Die Energiewende gefährdet die internationale Wettbewerbsfähigkeit der deutschen Wirtschaft (die Strompreise sind zu hoch).
- Die Energiewende ist für den Niedergang der großen deutschen Energieversorgungsunternehmen verantwortlich, weil sie mit ihren Kraftwerken kein Geld mehr verdienen können.
- Die Energiewende zerstört das Geschäftsmodell der Stadtwerke und hat daher negative Auswirkungen auf die Finanzsituation der Kommunen.
- Die Energiewende kostet unfassbar viel Geld, wir können sie uns volkswirtschaftlich nicht leisten.
- Die Wirkung der Energiewende auf den Klimawandel geht gegen null.
- Die Energiewende ist – jedenfalls in vielerlei Hinsicht – schon gescheitert.

Sind diese Aussagen richtig oder falsch? Und ist diese Kritik an der Energiewende berechtigt oder unberechtigt?

1 Einleitung – um was geht es in diesem Buch?

Das wesentliche Anliegen des vorliegenden Buches ist es, diese Fragen sachlich zu beantworten, d. h. die kritischen Aussagen zur Energiewende einer nüchternen Bewertung zu unterziehen. Genauer: Das Buch soll *den Leser* in die Lage versetzen, diese Aussagen einer nüchternen Bewertung zu unterziehen – einer Bewertung also, die sich zunächst auf Daten, Fakten und sichere Argumentationen stützt und erst am Ende auch auf Wertprioritäten.

Dazu ist es freilich erforderlich, diese Daten, Fakten und Argumentationen erst einmal bereitzustellen. Diesem Zweck dienen der erste, zweite und dritte Teil dieses Buches.

Am Schluss des Buches, im vierten Teil, greifen wir auf dieser Basis dann die oben genannten Aussagen noch einmal auf; d. h., wir kommentieren die folgenden **zehn Fragen**:

Frage 1: Ist die Energiewende zu teuer für den einzelnen Privathaushalt?
Frage 2: Ist die Energiewende sozial ungerecht?
Frage 3: Gefährdet die Energiewende die internationale Wettbewerbsfähigkeit der Wirtschaft?
Frage 4: Sind die Klagen der großen EVU – vor allem E.ON und RWE – berechtigt, dass sie mit ihren konventionellen Kraftwerken kein Geld mehr verdienen?
Frage 5: Zerstört die Energiewende das Geschäftsmodell der Stadtwerke?
Frage 6: Kostet die Energiewende tatsächlich „unfassbar viel Geld" – können wir sie uns volkswirtschaftlich überhaupt leisten?
Frage 7: Sind die großen Stromtrassen von Norden nach Süden wirklich erforderlich?

Frage 8: Hilft die Energiewende dem Klimaschutz überhaupt – in Deutschland/weltweit?
Frage 9: Ist die Energiewende „alternativlos", wenn man eine klimaschutzorientierte Energiepolitik in Deutschland machen will?
Frage 10: Ist die Energiewende noch zu retten, oder ist sie schon – in vielerlei Hinsicht – gescheitert?

Wesentliche Basisdaten

Einheiten

Wir verwenden in diesem Buch (außer Euro = € und Tonne = t) nur zwei Einheiten: die Energieeinheiten Kilowatt und Kilowattstunde.

Kilowatt (kW) ist ein Maß für die (maximale) Energie-*Leistung* eines Kraftwerks bzw. für die (maximale) Leistung, die ein Gerät oder ein Kunde verbraucht.

Typische Kraftwerksleistungen sind:

- PV-Anlage auf Einfamilienhaus 5 kW
- Windkraftanlage 2–3 Tsd. kW = 2–3 MW (Megawatt)
- Konventionelles Großkraftwerk 1 Mio. kW = 1 GW (Gigawatt)

Typische Verbrauchsleistungen im Strombereich sind:

- Glühlampe 0,06 kW
- Föhn 1 kW

1 Einleitung – um was geht es in diesem Buch?

- Auto 100 kW
- Großer Industriebetrieb 10–100 Tsd. kW
- Deutschland insgesamt ca. 80 Mio. kW

In der Regel verwenden wir im Buch die Einheit GW (Gigawatt) = 1 Mio. kW.

Kilowattstunde (kWh) ist ein Maß für die Energie-*Menge*, die ein Kraftwerk (z. B. in einem Jahr) erzeugt bzw. ein Gerät oder Kunde (z. B. in einem Jahr) verbraucht.

Typische, von einem Kraftwerk produzierte Strommengen sind:

- PV-Anlage auf Einfamilienhaus 5000 kWh pro Jahr = 5 MWh/a
- Windkraftanlage 3–5 Mio. kWh pro Jahr = 3–5 GWh/a
- konventionelles Großkraftwerk 5–7 Mrd. kWh pro Jahr = 5–7 TWh/a

Typische Verbrauchs-Energiemengen im Strombereich sind:

- Kühlschrank 70–100 kWh pro Jahr,
- typischer deutscher Haushalt 3000 kWh pro Jahr
- großer Industriebetrieb 50–500 Mio. kWh pro Jahr
- Deutschland insgesamt ca. 600 Mrd. kWh pro Jahr

In der Regel verwenden wir im Buch die Einheit TWh (Terawattstunde) = 1 Mrd. kWh.

Energieverbrauch

Deutschland verbrauchte 2015 insgesamt ca. 3700 TWh Primärenergie (d. h. Energieträger, die entweder in Strom, in Wärme oder in Mobilität umgewandelt werden; Tab. 1.1). Einen kurzen Vergleich zum weltweiten Primärenergieverbrauch zeigt Tab. 1.2.
Bezogen auf die drei wesentlichen Energieverbrauchs-Sektoren Strom, Wärme und Verkehr verteilt sich der Endenergieverbrauch von aktuell ca. 2450 TWh pro Jahr wie in Tab. 1.3 dargestellt.

Tab. 1.1 Primärenergieverbrauch in Deutschland (in TWh), 2015

Primärenergieträger	Energiemenge (TWh)	%	Importquote
Erdöl	1250	34	98 %
Erdgas	780	21	90 %
Steinkohle	470	13	89 %
Braunkohle	440	12	0 %
Kernenergie	280	7	100 %
Erneuerbare Energien	465	13	0 %
Sonstige	15	0	0 %
Gesamt	**3700**	**100**	ca. 70 %

Tab. 1.2 Kennzahlen Primärenergieverbrauch (PEV), 2015

	Welt	Deutschland
PEV	170.000 TWh	3700 TWh (= 2,3 %)
BIP/PEV	0,4 €/kWh	0,8 €/kWh
PEV/Kopf	23.000 kWh/Kopf	45.000 kWh/Kopf

BIP = Bruttoinlandsprodukt (in Preisen 2015)

Tab. 1.3 Endenergieverbrauch in Deutschland nach Sektoren (in TWh), 2015

Sektor	Energiemenge (TWh)	%
Strom	530	22
Wärme	1200	49
Verkehr	720	29

(Wärme = ohne Wärme aus Strom; Verkehr = ohne strombasierten Verkehr)

Stromverbrauch

Die etwa 600 TWh Strom, die in Deutschland in den letzten Jahren (2011-2015) pro Jahr für die Inlandsnachfrage nach Strom (d. h. ohne Stromexporte) produziert wurden – der sogenannte *Bruttostromverbrauch* –, teilen sich auf die wichtigen Verbrauchergruppen wie folgt auf (Tab. 1.4).

Einen kurzen Vergleich zum weltweiten Bruttostromverbrauch zeigt Tab. 1.5.

Tab. 1.4 Bruttostromverbrauch nach Verbrauchergruppen in Deutschland (in TWh), 2015

Verbrauchergruppe	Strommenge (TWh)	%
Wirtschaft – Industrie	245	46
Wirtschaft – Handel/DL*	80	15
Private Haushalte	130	25
Öffentliche Hand u. Sonstige	75	14
Endenergieverbrauch Strom	**530**	**100**
Leitungsverluste/Kraftwerke	70	
Bruttostromverbrauch	**600**	

(*DL = Dienstleistungssektor)

Tab. 1.5 Kennzahlen Bruttostromverbrauch (BSV), 2015

	Welt	Deutschland
BSV	24.000 TWh	600 TWh (= 2,4 %)
BIP/BSV	3 €/kWh	5 €/kWh
BSV/Kopf	3300 kWh/Kopf	7400 kWh/Kopf

BIP = Bruttoinlandsprodukt (in Preisen 2015)

Tab. 1.6 Entwicklung des Bruttostromverbrauchs in Deutschland (in TWh)

1990	2000	2010	2015
550	580	615	600

Die Entwicklung des (Brutto-)Stromverbrauches in den letzten Jahrzehnten ist aus Tab. 1.6 ersichtlich.

CO_2-Emissionen

Die deutschen CO_2-Emissionen haben sich in den letzten 25 Jahren wie folgt entwickelt (Tab. 1.7).

Hinzu kommen andere Treibhausgase im Umfang von aktuell etwa 100 Mio.t.

Tab. 1.7 Deutsche CO_2-Emissionen (in Mio.t)

CO_2-Emissionen	1990	2000	2010	2015
Energiebedingt	990	840	780	750
Sonstige	60	60	50	50
Gesamt	**1050**	**900**	**830**	**800**

1 Einleitung – um was geht es in diesem Buch?

Die prozentuale Aufteilung der energiebedingten CO_2-Emissionen auf die drei wesentlichen Energieverbrauchssektoren ist aus Tab. 1.8 ersichtlich.

Einen kurzen Vergleich zu den weltweiten CO_2-Emissionen zeigt Tab. 1.9.

Die Entwicklung der CO_2-Emissionen aus der Stromerzeugung (ohne Stromexporte) in den letzten Jahrzehnten ist in Tab. 1.10 dargestellt.

Tab. 1.8 Energiebedingte CO_2-Emissionen in Deutschland nach Energieverbrauchssektoren, 2015

Energiesektor	CO_2-Emissionen (Mio.t)	%
Strom (inkl. Stromexporte)	310	41
Wärme	280	38
Verkehr	160	21
Gesamt	**750**	**100**

(Wärme = ohne Wärme aus Strom; Verkehr = ohne strombasierten Verkehr)

Tab. 1.9 Kennzahlen CO_2-Emissionen, 2015

	Welt	Deutschland
CO_2-Emissionen	36.000 Mio.t	800 Mio.t (= 2,2 %)
CO_2-Emissionen/BIP	0,5 kg/€	0,27 kg/€
CO_2-Emissionen/Kopf	4,9 t/Kopf	9,8 t/Kopf

Tab. 1.10 Entwicklung der CO_2-Emissionen aus der Stromerzeugung ohne Stromexporte (in Mio.t)

1990	2000	2010	2015
360	330	305	270

Energieimporte

Wie bereits oben ersichtlich, importiert Deutschland aktuell etwa 70 % seiner Primärenergieträger; die Kosten für diese Importe im Durchschnitt der letzten Jahre zeigt Tab. 1.11. Die Kostenentwicklung in den letzten Jahrzehnten ist in Tab. 1.12 dargestellt.

Im Jahr 2015 sind diese Kosten aufgrund des deutlichen Verfalls der Weltmarktpreise für die Primärenergieträger wieder stark zurückgegangen auf ein Niveau von ca. 60 Mrd.€.

Tab. 1.11 Jährliche Importkosten für Energie im Durchschnitt der Jahre 2010-2014 (in Mrd.€)

Primärenergieträger	Kosten
Erdöl	61
Erdgas	18
Steinkohle	5
Kernenergie	0,3

Tab. 1.12 Kostenentwicklung der deutschen Energieimporte (in Mrd.€ pro Jahr; jeweils Durchschnitte)

	1990–1999	2000–2004	2005–2009	2010–2014
Energieimporte	ca. 20	ca. 35	ca. 60	ca. 85

Erster Teil

Energiewende – was steckt dahinter?

Ziele, Motive, Rahmenbedingungen, systemische Folgen

In diesem ersten Hauptteil des Buches geht es darum, die Energiewende umfassend darzustellen.

Die Energiewende ist ein politisches Vorhaben, das in seiner jetzigen Gestalt in den Jahren 2010/2011 von der Bundesregierung konzipiert wurde und sich dadurch auszeichnet, dass es *sehr langfristig* angelegt ist: Es setzt quantitative, nachprüfbare Zielmarken im Energiesektor für das Jahr 2050.

Im Spektrum politischer Themen und Programme nimmt die Energiewende damit eine ganz ungewöhnliche Stellung ein – in welchem anderen Politikbereich gibt es quantitative Zielmarken für 2050, oder auch nur für 2030? –, und sie geht weit über Legislaturperioden, die Amtszeiten einzelner Bundesregierungen und gegebenenfalls sogar über die historische Dauer politischer Parteienkonstellationen hinaus. Ernst genommen, ist die Energiewende daher wohl eher als ein zentrales *Projekt der deutschen Gesellschaft* zu bezeichnen, das die jeweilige Bundesregierung verantwortlich zu steuern hat.

Vor diesem Hintergrund ist es naheliegend, bei der Darstellung der Energiewende primär nicht die *historische Perspektive* einzunehmen – was genau waren 2010/2011 tatsächlich die politischen Überlegungen der damaligen Bundesregierung, die zur Energiewende-Konzeption geführt haben? –, sondern sich auf die *systematische Perspektive* zu konzentrieren: Welche rationalen, langfristig tragfähigen Argumente können für die Energiewende-Konzeption angeführt werden?

Das andere Anliegen in diesem ersten Teil des Buches ist es, die zahlreichen Schlagwörter rund um die Energiewende – CO_2-Emissionen, erneuerbare Energien, Speicher, Netzausbau, Kosten, Black-Out-Gefahr, steigende Strompreise, sinkende Preise an der Strombörse, Kernenergie-Ausstieg u. v. a. – in eine klare Ordnung zu bringen, d. h. die Energiewende nicht nur zu beschreiben, sondern gleichzeitig gedanklich zu *strukturieren*:

- Was sind die unmittelbaren, quantitativen **Ziele** der Energiewende?
- Welche politischen Beweggründe können als tieferliegende, langfristige rationale **Motive** gelten?
- Welche weiteren (nicht energiespezifischen) Grundsätze der deutschen Politik und Gesellschaft spielen bei der Energiewende eine besondere Rolle, d. h. unter welchen **Rahmenbedingungen** sollte sie ablaufen?
- Welche Folgen für die konkrete Energieversorgung in Deutschland sind mittel- und langfristig zu erwarten, wenn man die Energiewende konsequent und systematisch umsetzt?

Zusammengefasst geht es in diesem ersten Teil also um eine systematisch aufbereitete Darstellung, um eine **rationale Rekonstruktion** der Energiewende. Wir werden uns dabei, der Konzeption des Buches folgend, auf die wesentlichen Aspekte beschränken.

Wir werden auch, wie im gesamten Buch, die aufgeführten Zahlen in der Regel großzügig runden, um den Leser nicht mit zu vielen Details zu belasten und die wesentlichen Strukturen möglichst deutlich hervortreten zu lassen.

2

Drei Ziele
der Energiewende – Beschreibung

Der Begriff „Energiewende" hat eine längere Geschichte; zum ersten Mal tauchte er 1980 auf und meinte damals in erster Linie die Abkehr von Kernenergie und Erdöl in der Energieversorgung. Seitdem hat er mehrere Entwicklungen durchlaufen. Allgemein bezeichnet man heute mit dem Begriff „Energiewende" den Übergang von der Energieversorgung mit fossilen Energieträgern und Kernenergie hin zu einer Energieversorgung mit erneuerbaren Energien, und zwar in allen drei wesentlichen energiebeanspruchenden Sektoren Strom, Wärme und Verkehr.

In diesem Buch verwenden wir den Begriff „Energiewende" – im Einklang mit dem aktuellen allgemeinen Sprachgebrauch – als Zusammenfassung für die (Kernpunkte der) Energiepolitik der deutschen Bundesregierung seit etwa Mitte 2011, *bezogen auf den Stromsektor.*

> **Ziele**
>
> Die so definierte Energiewende ist durch **drei wesentliche Ziele** gekennzeichnet:
> - Abschaltung der Kernkraftwerke – bis 2022,
> - Ausbau der erneuerbaren Energien (EE) bei der Stromerzeugung – bis auf mindestens 80 % in 2050,
> - Deutliche Erhöhung der Stromeffizienz – mit einer Steigerungsrate von ca. 1,6 % pro Jahr.

Diese drei Ziele wollen wir im Folgenden näher erläutern. Die jeweils aufgeführten konkreten *Planzahlen* stammen zumeist aus der „Leitstudie 2011" des BMU (vgl. Anhang), Szenario 2011 A; inwieweit die hier *für das Jahr 2015* genannten Planzahlen tatsächlich erreicht wurden, ist dann das Hauptthema des zweiten Teils dieses Buches.

Abschaltung der Kernkraftwerke

Die in Spitzenzeiten bis zu 18 Kernkraftwerke in Deutschland wurden hauptsächlich in den 1970er- und 1980er-Jahren gebaut. Sie produzierten im Durchschnitt der Jahre 2000–2010 ca. 20 GW Leistung und ca. 150 TWh/a Strom; damit sorgten sie für ca. 20 % der benötigten Leistung und ca. 25 % des benötigten Stroms in Deutschland.

Ursprünglich – von den 1950er-Jahren bis Mitte der 1970er-Jahre – war die friedliche Nutzung der Kernenergie in Deutschland weitgehend unumstritten und wurde sogar politisch massiv gefördert und mit erheblichen Subventionen unterstützt. Seit den späten 1970er-Jahren jedoch gehörte die Nutzung der Kernenergie in Kernkraftwerken zu den am heftigsten und kontrovers diskutierten Themen nicht nur der deutschen Energiepolitik, sondern der politischen Auseinandersetzung in Deutschland überhaupt.

Dies ist vor allem ein deutsches Phänomen – ähnliche Diskussionen gab und gibt es zwar durchaus auch in anderen Ländern (zum Beispiel Schweden, Schweiz, Italien), aber in der Regel spielen diese Debatten keine vergleichbare Rolle.

Der wichtigste Grund für die politischen Auseinandersetzungen rund um die Nutzung der Kernenergie besteht in der unterschiedlichen Einschätzung der Gefahren, die von den Kernkraftwerken für die jetzige Generation sowie von den radioaktiven Abfällen, die sie produzieren, für die nachfolgenden Generationen ausgehen. Die Kernkraftwerke weisen aber unbestritten auch Vorteile auf: vor allem die Vermeidung von CO_2-Emissionen und die geringen Stromerzeugungskosten der *bestehenden* Kernkraftwerke.

Daher hängt die eigene Position zu Kernkraftwerken davon ab, wie man diese Vorteile im Verhältnis zu den oben genannten Gefahren gewichtet. Letztlich geht es also um Wertprioritäten, um die Bedeutung, die man jeweils den verschiedenen Folgen der Nutzung von Kernkraftwerken beimisst.

Das Ziel der Energiewende „Abschaltung der Kernkraftwerke" bedeutet genauer, dass – nachdem bereits im Jahr 2011 in der Folge des Kernkraftwerkunglücks im japanischen Fukushima sieben Kernkraftwerke mit ca. 8 GW Leistung durch Anordnung der Bundesregierung abgeschaltet worden sind – die verbleibenden neun Kernkraftwerke bis 2022 sukzessive abgeschaltet werden sollen (Tab. 2.1).

Auf die Folgefragen – Rückbau der Kernkraftwerke, Suche nach Endlagern für die radioaktiven Abfälle, Zuordnung der entsprechenden Kosten, etc. – gehen wir in diesem Buch nicht ein.

Tab. 2.1 Geplante Anzahl der aktiven Kernkraftwerke in Deutschland, 2000–2022

Jahr	2000	2010	2015 (Plan)	2020 (Plan)	2022 (Plan)
Anzahl	18	16	8	6	0

Ausbau der erneuerbaren Energien (EE) bei der Stromerzeugung

Als erneuerbare Energien werden Energien bezeichnet, die auf der Erde durch natürliche Gegebenheiten vorhanden sind und über lange Zeiträume unabhängig von einer anthropogenen Nutzung in gleicher Weise zur Verfügung stehen. Für die Stromerzeugung in Deutschland sind dies vor allem:

- Strom aus Wasserkraft,
- Strom aus Windkraft,
- Strom aus Sonneneinstrahlung (Photovoltaik = PV),
- Strom aus (nachwachsender) Biomasse.

Auf längere Sicht könnten – je nach technologischer Entwicklung – weitere Formen dazukommen, z. B. die energetische Nutzung von Ebbe und Flut, von Wellen, von Geothermie und anderem.

Die Wasserkraft wurde in Deutschland (wie in vielen anderen Ländern) bis 2000 auf etwa 5 GW mit einer Stromproduktion von 20–25 TWh ausgebaut und stagniert seitdem, weil die natürlichen Möglichkeiten weitgehend ausgeschöpft sind.

Die anderen EE in der Stromerzeugung wurden in Deutschland seit 2000 vor allem durch den Fördermechanismus des

2 Drei Ziele der Energiewende – Beschreibung

Tab. 2.2 Stromproduktion der wesentlichen erneuerbaren Energien, 2000 und 2015 (in TWh)

	2000	2015
Wind	10	88
PV	0	38
Biomasse	3	50
Wasser	25	19
Gesamt	**38**	**195**

Erneuerbare-Energien-Gesetzes (EEG) massiv ausgebaut (Tab. 2.2).

Insofern ist dieser Teil der Energiewende schon seit ca. 15 Jahren im Gang.

Wesentliche Charakteristika der EE sind (s. genauer Kap. 8, „Systemische Folgen"):

- Kein Ausstoß von CO_2-Emissionen (im laufenden Betrieb),
- Abhängigkeit der Stromproduktion einer Anlage vom geografischen Standort,
- starke zeitliche Schwankung der Stromproduktion aufgrund der nicht beeinflussbaren natürlichen Gegebenheiten,
- deutlich höherer Flächenbedarf im Vergleich zu konventionellen Kraftwerken.

Eine Sonderrolle spielt dabei Strom aus Biomasse, der räumlich weitgehend standortunabhängig und zeitlich weitgehend konstant ist.

Innerhalb der Energiewende ist es das konkrete Ziel, die EE – von ca. 17 % im Jahr 2010 – auf einen Anteil von

Tab. 2.3 Geplanter Ausbau der EE in Deutschland (in % am Bruttostromverbrauch)

2000	2010	2015 (Plan)	2020 (Plan)	2030 (Plan)	2050 (Plan)
7	17	> 26	> 35	> 50	> 80

mindestens 80 % an der Stromerzeugung im Jahr 2050 auszubauen. Wesentliche Zwischenziele sind in Tab. 2.3 aufgeführt.

Was dieses Ziel konkret in installierter Anlagenleistung bzw. Stromproduktion pro Jahr bedeutet, hängt natürlich von dem angenommenen Stromverbrauch im Jahr 2050 ab. Im Hauptszenario 2011 A der Leitstudie 2011 bedeutet das 80-Prozent-Ziel eine Anlagenleistung in Deutschland im EE-Bereich von ca. 180 GW und eine Stromproduktion von ca. 430 TWh/a.

Erhöhung der Stromeffizienz

Als Energieeffizienz bezeichnet man den Grad des Energieaufwands zur Erreichung eines bestimmten Nutzens; konkret hier insbesondere den Grad des Energieaufwands zur Erzielung einer bestimmten Wirtschaftsleistung. Ein gebräuchliches Maß für die Energieeffizienz einer Gesellschaft ist das erzielte Bruttoinlandsprodukt (BIP) in Euro pro verbrauchter Kilowattstunde (€/kWh).

Bezogen auf Strom, dem Fokus dieses Buches, sprechen wir von Stromeffizienz. Und die Erhöhung der Stromeffizienz bedeutet dann – vereinfacht gesprochen – die Senkung des Stromverbrauchs bei gleich bleibender (oder sogar steigender) Wirtschaftsleistung.

Aus der Definition der Stromeffizienz ergibt sich, dass eine höhere Stromeffizienz durch eine höhere Wirtschaftsleistung

Tab. 2.4 Geplante Stromeffizienz (= Bruttoinlandsprodukt/ Bruttostromverbrauch) (in €/kWh)

2000	2010	2015 (Plan)	2030 (Plan)	2050 (Plan)
4,1	4,3	4,6	5,9	8,1

BIP in Preisen von 2010; 2010 = Durchschnittswert der Jahre 2009–2011

kompensiert werden kann. Genau dies ist in den letzten Jahren geschehen: Der Stromverbrauch in Deutschland stagniert seit 15 Jahren, obwohl die Wirtschaftsleistung (BIP) real um 15 % gestiegen ist.

Die Bundesregierung hat sich in ihren Energiewende-Planungen das Ziel gesetzt, den Bruttostromverbrauch – trotz angenommenen weiteren Wirtschaftswachstums von knapp 1 % pro Jahr – bis 2050 um 25 % zu reduzieren; unberücksichtigt bleibt dabei im Szenario 2011 A der Stromverbrauch für die Produktion von Wasserstoff (2050: 110 TWh), der in erster Linie als Kraftstoff für den Verkehrssektor dienen soll. Dies bedeutet, dass die Steigerungsrate der Stromeffizienz von ca. 0,5 % pro Jahr in den Jahren 2000–2010 auf ca. 1,6 % pro Jahr in den Jahren 2010–2050 steigen muss (Tab. 2.4).

Zielzustand 2050

Werden die drei Ziele der Energiewende umgesetzt, ergibt sich die aus den Tab. 2.5 und 2.6 ersichtliche Entwicklung für die Stromerzeugung in Deutschland (ohne Stromexporte) – d. h. für den Bruttostromverbrauch – bis zum Jahr 2050.

Hinzukommen sollen im Jahr 2050 im Saldo ca. 60 TWh EE-Strom aus dem Ausland.

Tab. 2.5 Geplante Entwicklung der deutschen Stromerzeugung (in TWh)*

	2000	2010	2015 (Plan)	2030 (Plan)	2050 (Plan)
Kernenergie	170	140	90	0	0
Fossile Energien	370	370	325	250	80
EE	40	105	170	300	430

*Ohne Stromerzeugung für Stromexporte; Fossile Energie = inkl. Sonstige; 2030 gegenüber Szenario 2011 A der Leitstudie 2011 an die aktuelle Planung angepasst.

Tab. 2.6 Geplante Entwicklung der deutschen Stromerzeugung (in %)*

	2000	2010	2015 (Plan)	2030 (Plan)	2050 (Plan)
Kernenergie	30	23	15	0	0
Fossile Energien	63	60	56	45	16
EE	7	17	29	55	84

*Ohne Stromerzeugung für Stromexporte; Fossile Energie = inkl. Sonstige; 2030 gegenüber Szenario 2011 A der Leitstudie 2011 an die aktuelle Planung angepasst.

3
Drei Ziele der Energiewende – Analyse

Blickt man auf diese drei Ziele im Zusammenhang, so kann man Folgendes festhalten:

- Die drei Ziele sind kein Selbstzweck – sie werden verfolgt, um *übergeordnete* Ziele zu erreichen, die wir in diesem Buch „*Motive*" nennen, um sie begrifflich abzugrenzen. Diese Motive werden wir im nächsten Kapitel beschreiben.
- Die drei Ziele der Energiewende sind *unabhängig* voneinander: Auch eine Beschränkung auf zwei dieser drei Ziele oder auch auf nur eines der drei Ziele würde durchaus eine sinnvolle Energiepolitik konstituieren und wäre geeignet, einen Teil der Motive zu befördern. (So könnte die Stilllegung der Kernkraftwerke auch mit dem Ausbau von Gas- und Kohlekraftwerken – statt mit dem Ausbau der EE – kompensiert werden. Oder es wäre auch eine Kombination von Kernkraftwerken mit EE-Anlagen für die Zukunft möglich.)

- Entscheidend bei diesen Zielen ist die *quantitative Dimension* – erst sie macht die Energiewende zu einem ambitionierten und in dieser Form weltweit einzigartigen Projekt; erst sie definiert weitgehend die Kosten, die politischen Instrumente und die gesellschaftlichen Konflikte, die mit der Umsetzung der Energiewende verbunden sind.

Konkret: Eine Energiepolitik mit den gleichen Zielen *der Richtung nach*, aber in geringerer quantitativer Ausprägung wie zum Beispiel:

- Abschaltung der Kernkraftwerke bis 2035
- Ausbau der erneuerbaren Energien auf 40 % bis 2030, auf 80 % bis 2050
- Steigerung der Stromeffizienz weiterhin um 1,6 % pro Jahr,

würde die zugrunde liegenden Motive ebenso erfüllen (nur etwas langsamer), wäre aber sicherlich deutlich kostengünstiger und einfacher.

> **Mit anderen Worten:**
> Man muss unterscheiden zwischen den prinzipiellen Zielrichtungen der Energiewende und dem konkreten (quantitativen) Zielkanon der Energiewende – man kann die ersteren befürworten und den letzteren für unnötig teuer, für überhastet und/oder für mit zu vielen unerwünschten Begleiterscheinungen verbunden halten.

Umgekehrt wäre auch eine Energiewende mit einer noch ambitionierteren Ausgestaltung denkbar:

3 Drei Ziele der Energiewende – Analyse

- Abschaltung der Kernkraftwerke schon bis 2018
- Ausbau der erneuerbaren Energien auf 80 % schon bis 2035
- Steigerung der Stromeffizienz weiterhin um 1,6 % pro Jahr.

Rein technisch ist auch eine solche Zielsetzung machbar, sie hätte jedoch wiederum erhebliche Folgen für die Kosten und die weiteren politischen Maßnahmen innerhalb der Energiewende.

Eine interessante Frage ist, wie sich die Energiewirtschaft in Deutschland und auch weltweit entwickeln würde, wenn sich die Politik aus der Energiewirtschaft weitgehend zurückziehen und die Zukunft der Energie dem Markt und der marktgetrieben technologischen Entwicklung überlassen würde.

Diese Frage liegt eigentlich außerhalb des Rahmens dieses Buches und ist natürlich schwer methodisch verlässlich abzuschätzen; immerhin kann man aus unserer Sicht Folgendes sagen:

- Neue Kernkraftwerke in Deutschland würde es wohl nicht geben, insbesondere aufgrund der sehr hohen Investitionskosten und auch aus Gründen der gesellschaftlichen Akzeptanz.
- Es ist angesichts der rasanten technologischen Entwicklung der Menschheit eher unwahrscheinlich, dass wir Strom auch im Jahr 2100 noch primär aus fossilen Quellen, d. h. durch „Feuermachen" gewinnen. Vieles spricht dafür, dass so oder so in diesem Jahrhundert neue Arten der Energiegewinnung (weiter-)entwickelt und schwerpunktmäßig zum Einsatz gebracht werden.

> **So gesehen**
>
> handelt es sich bei der Energiewende wohl „nur" um ein politisch motiviertes Vorziehen bzw. Forcieren eines technologisch-wirtschaftlichen Strukturwandels, der irgendwann in den nächsten Jahrzehnten ohnehin kommen würde.

Plakativ gesagt: Es ist unwahrscheinlich, dass das Zeitalter der fossilen Energieträger deswegen endet, weil diese Rohstoffe erschöpft sind.

4

Vier Motive der Energiewende – Beschreibung

Rückblick

Die Energiepolitik spielte in Deutschland lange Jahre eine eher untergeordnete Rolle. Sie lieferte immer wieder einmal Themen – Ölkrise (1973), Auseinandersetzung um das geplante Kernkraftwerk im baden-württembergischen Wyhl (1973–1983), Subventionierung der Steinkohleförderung in Deutschland (1970–heute), Auseinandersetzung um die geplante Wiederaufbereitungsanlage im bayerischen Wackersdorf (1985–1989), Begrenzung der Stickstoffemissionen vor allem aus Kohlekraftwerken –, aber diese standen meist nicht im Zentrum der politischen Auseinandersetzung. (Bezeichnend ist, dass das Energiewirtschaftsgesetz aus dem Jahr 1935 erst 1998 erstmals substanziell geändert wurde.)

Am nachhaltigsten war sicherlich die Auseinandersetzung um die Kernenergie, und sie ist zumindest zum Teil verantwortlich für die Entwicklung der Partei Die Grünen (heute: Bündnis 90/Die Grünen).

Zu einem dauerhaften politischen und gesellschaftlichen Thema wurde die Energiepolitik jedoch erst in den letzten 15 Jahren, als der Zusammenhang

Nutzung fossiler Energieträger → CO_2-Emissionen → Klimawandel → potentielle dramatische Folgen des Klimawandels
in das Bewusstsein der Weltöffentlichkeit und damit auch der deutschen Politik trat. Über diesen Zusammenhang besteht – bei allen Unterschieden im Detail – breiter Konsens in der deutschen Gesellschaft und unter den politischen Parteien in Deutschland.

In Bezug auf die Kernenergie wurde ein Konsens durch den Kernkraftwerksunfall im japanischen Fukushima im Jahr 2011 ebenfalls hergestellt – in der Folge dieses Ereignisses änderten CDU, CSU und FDP ihre energiepolitische Programmatik. Seitdem ist die Einschätzung, dass die Kernenergie zu gefährlich für eine dauerhafte Nutzung bei der Stromerzeugung sei, Grundmotiv der deutschen Energiepolitik.

Vier Motive
Die beiden zentralen Motive der deutschen (Energie-)Politik und der Energiewende sind damit:

- Senkung der CO_2-Emissionen (Beschränkung des Klimawandels),
- Ausstieg aus der Kernenergie (Senkung der mit der Nutzung der Kernenergie verbundenen Gefahren).

Zwei weitere, aber demgegenüber untergeordnete Motive sind:

- Senkung der Abhängigkeit von fossilen Energieträgern (Erdöl, Erdgas, Kohle),

- Förderung von Innovationen und damit von Exportchancen der deutschen Wirtschaft.

Motiv 1: Senkung der CO_2-Emissionen

Dieses zentrale Motiv der deutschen Energiepolitik und der Energiewende ist insofern bemerkenswert, als es sich im Kern als ein *ideelles Motiv* erweist, und dies gleich in zweifacher Hinsicht:

- Die Problematik der CO_2-Emissionen bzw. des dadurch – nach überwiegender Meinung der Wissenschaft – verursachten Klimawandels ist ihrer Natur nach eine *weltweite* Problematik, woraus folgt: Das Agieren von *Deutschland* ist in seiner Wirkung komplett abhängig vom Agieren der Weltgemeinschaft. Selbst eine kontinuierliche Senkung bis hin zum kompletten Wegfall der deutschen CO_2-Emissionen im Jahr 2050 – also ein in diesem Sinne durchschlagender Erfolg der deutschen Energiepolitik – würde (bei sonst gleichen Verhältnissen) den Klimawandel gerade einmal um etwa ein halbes Jahr verzögern.
- Es kommt hinzu, dass – bei aller Unsicherheit über die konkreten Auswirkungen des Klimawandels – im Kern wohl davon auszugehen ist, dass diese Auswirkungen für Deutschland relativ moderat wären. Somit könnte Deutschland, egoistisch betrachtet, weit weniger als andere Länder an der Senkung der CO_2-Emissionen interessiert sein.

Oft wird aus unserer Sicht nicht klar genug unterschieden zwischen zwei auf den ersten Blick ähnlichen, auf den zweiten

Blick jedoch sehr unterschiedlichen Interpretationen dieses Motivs. Was genau ist gemeint? Die

- Senkung der CO_2-Emissionen in *Deutschland* oder die
- Senkung der CO_2-Emissionen *weltweit*?

Sinnvoll ist nach dem oben Gesagten die *zweite* Interpretation (denn die CO_2-Emissionen von Deutschland sind praktisch irrelevant für die Entwicklung des Weltklimas), handlungsleitend für die deutsche Energiepolitik ist aber die *erste* Interpretation.

Was bedeutet das konkret?
Würde man konsequent die zweite Interpretation als handlungsleitend zugrunde legen, käme man potenziell zu ganz anderen bzw. zusätzlichen politischen Maßnahmen: Mit einem (zumindest teilweisen) Einsatz der in die Energiewende fließenden Finanzmittel in anderen Ländern bzw. in die Verbreitung von CO_2-armen Technologien weltweit könnte man womöglich viel größere Wirkungen für die weltweiten CO_2-Emissionen erzielen als durch die Energiewende in ihrer jetzigen Ausprägung (freilich dann nicht für die deutschen CO_2-Emissionen). Mit dieser Frage hat sich die deutsche Politik jedoch leider nicht wirklich ernsthaft beschäftigt. Präziser müsste das Motiv daher eigentlich heißen: *Senkung der deutschen CO_2-Emissionen*.

Das Motiv in seiner zweiten Interpretation wird von der ganzen Weltgemeinschaft bzw. den meisten anderen Ländern im Prinzip geteilt, wenn auch mit unterschiedlichen Interpretationen und mit unterschiedlicher Priorität auf der politischen Agenda. Innerhalb Europas spielt es in der EU-Energiepolitik ebenfalls eine zentrale Rolle und hat unter anderem zur Etablierung des weltweit bisher einmaligen europäischen CO_2-Handelssystems (ETS) geführt, auf das wir noch mehrfach zurückkommen werden.

Im weltweiten Kontext war die Klimakonferenz in Paris im Dezember 2015 ein wichtiger Meilenstein: Viele Länder haben sich dort ausdrücklich zu CO_2-Emissionssenkungen verpflichtet (Tab. 4.1 und 4.2); die Dringlichkeit weltweiten Handelns und die prinzipiellen Ziele des Klimaschutzes wurden von fast allen Nationen der Erde vertraglich bestätigt.

Tab. 4.1 Selbstverpflichtung für die Senkung von Treibhausgasemissionen (INDC) gegenüber dem Basisjahr 2005, absolut (in %); Stand 2015

Land	Bis 2025	Bis 2030	Bis 2050
USA	26–28	–	–
Brasilien	37	43	–
EU		37	–
Kanada		30	–
Deutschland	33	45	75

Tab. 4.2 Selbstverpflichtung für die Senkung von Treibhausgasemissionen (INDC) gegenüber dem Basisjahr 2005, relativ zum BIP (in %); Stand 2015

Land	Bis 2030	Bis 2050
China	60–65	–
Indien	30–35	–
Deutschland	65–70*	90–93*

*Abgeleitet aus den THG-Zielen und einem nominalen BIP-Wachstum von 2–3 % pro Jahr

Motiv 2: Ausstieg aus der Kernenergie

Dieses zweite zentrale Motiv für die Energiewende bezieht sich im Unterschied zum Motiv 1 unmittelbar auf Deutschland und die deutsche Bevölkerung.

Auch bei dieser Thematik sind die Einflussmöglichkeiten der aktuellen deutschen Energiepolitik durchaus begrenzt. Selbst bei einer sehr konsequenten Umsetzung dieses Motivs in den nächsten Jahren werden die Gefahren aus der Kernenergie zwar gesenkt, bleiben aber dennoch in erheblichem Maße weiter bestehen:

- Zum einen ist Deutschland von Kernkraftwerken in Nachbarländern umgeben, und atomare Unfälle in diesen Anlagen haben potenziell auch erhebliche Gefahren für Deutschland zur Folge.
- Zum anderen müssen die durch den bisherigen Betrieb der deutschen Kernkraftwerke entstandenen (und die bis 2022 noch entstehenden) radioaktiven Abfälle in Deutschland endgelagert werden, mit entsprechenden potenziellen Gefahren über sehr lange Zeiträume für die Umgebung.

Ebenfalls im Unterschied zu Motiv 1 wird dieses Motiv von nur wenigen Ländern in dieser Form geteilt, und in praktisch keinem davon mit vergleichbarer Priorität: Die wenigen Länder, die einen Ausstieg aus der Kernenergie verfolgen (z. B. Schweiz, Belgien), planen dies in deutlich längeren Zeiträumen.

… 4 Vier Motive der Energiewende – Beschreibung 33

Motiv 3: Senkung der Abhängigkeit von fossilen Energieträgern (Erdöl, Erdgas, Kohle)

Es mag den Leser zunächst überraschen, dass dieser Punkt als separates Motiv aufgeführt wird: Schließlich, so ließe sich einwenden, impliziert ja das Motiv „Senkung der CO_2-Emissionen" bereits die Senkung des Verbrauchs von fossilen Energieträgern, die bekanntlich 85 % der weltweiten und auch der deutschen CO_2-Emissionen verursachen.

Tatsächlich ist es aber zumindest *historisch* so, dass dieses Motiv älter ist als die Erkenntnisse bzgl. des Klimawandels und eng mit den ersten Ausprägungen des Begriffs „Energiewende" verbunden ist.

Unabhängig von der historischen Entwicklung spielt dieses Motiv aber auch *systematisch* unabhängig vom CO_2-Thema eine Rolle, und zwar aus drei Gründen:

1. Da zurzeit ca. 70 % des deutschen Energiebedarfs importiert werden müssen, bedeutet „Senkung der Abhängigkeit von fossilen Energieträgern" automatisch „Senkung der Abhängigkeit von anderen – politisch zum Teil instabilen – Ländern" in Bezug auf die Energieversorgung Deutschlands. Dies wird in Politik und Gesellschaft allgemein als positiv gesehen.
2. Auch der rein wirtschaftliche Aspekt ist von wesentlicher Bedeutung: Bei zunehmender Verknappung der fossilen Energieträger könnten – so die zu diesem Motiv führende Sorge – die Kosten für den Import dieser Rohstoffe weiter deutlich steigen, was negative Folgen für die deutsche Volkswirtschaft hätte. Die Entwicklung in den letzten Jahrzehnten macht diese Sorge verständlich:

- In den Jahren 1990–1999 bezahlte Deutschland ca. 20 Mrd.€ pro Jahr für Energieimporte,
- in den Jahren 2000–2009 waren es im Durchschnitt knapp 50 Mrd.€ pro Jahr
- und in den Jahren 2010–2014 im Durchschnitt bereits etwa 85 Mrd.€ pro Jahr.

3. Schließlich ist in diesem Zusammenhang noch – sicherlich etwas abstrakt – das Prinzip des „nachhaltigen Wirtschaftens" zu nennen. Denn auch wenn der deutsche Verbrauch nur ca. 2 % des weltweiten Verbrauchs an fossilen Energieträgern beträgt: Es werden tatsächlich jeden Tag große Mengen an unwiederbringlichen, in Jahrmillionen entstandenen Ressourcen verbraucht.

Zusammenfassend ist, auch unabhängig von der CO_2/Klimaproblematik, die Senkung der Abhängigkeit von den und die Verringerung des Einsatzes der fossilen Energieträger ein weit zurückreichendes, nennenswertes Motiv der deutschen Politik und wird entsprechend immer wieder auch in aktuellen Diskussionen als Argument für die Energiewende eingesetzt.

Dieses Motiv spielt in vielen anderen Ländern ebenfalls eine Rolle, allerdings mit sehr unterschiedlicher Ausprägung. Es gibt (auch unter den Industrienationen) Länder praktisch ohne dieses Motiv. Im Gegensatz dazu spielt das Motiv – in der Spezifizierung: Senkung der Abhängigkeit von ausländischen fossilen Energieträgern – etwa *in den USA die zentrale Rolle* überhaupt in der (Energie-)Politik. Es wird dort mit derselben Priorität verfolgt, mit der in Deutschland die Themen Klimaschutz und Kernenergie-Ausstieg verfolgt werden und es war handlungsleitend für die Verbreitung des Frackings. Mit anderen Worten: Zur Verwirklichung dieses Motivs wurden und werden in den USA erhebliche Anstrengungen unternommen und erhebliche potenzielle Umweltnachteile in Kauf genommen.

Motiv 4: Förderung von Innovationen/ Exportchancen der deutschen Wirtschaft

Auch dieser Punkt konstituiert ein weiteres, von den drei anderen unabhängiges Motiv für die Energiewende und wird in energiepolitischen Diskussionen immer wieder angeführt.

Anders als die bislang dargestellten Motive ist dies freilich kein energiespezifischer Punkt: Gleiche Wirkungen können auch mit ganz anderen Instrumenten in anderen Politikfeldern erzielt werden. Zudem ergibt sich, auch wenn man das Motiv auf die Energiepolitik bezieht, keine eindeutige energiepolitische Richtung: Denn auch mit dem Export von innovativen und/oder sicherheitstechnisch optimierten kerntechnischen Anlagen oder von CCS-Technologie (Herausfiltern von CO_2 bei fossilen Kraftwerken) könnte das vorgegebene Motiv erfüllt werden.

Aus diesen Gründen werden wir im vorliegenden Buch auf diesen Aspekt jeweils nur kurz eingehen.

5
Vier Motive der Energiewende – Analyse

Vier Motive – ein grundsätzlicher Blick

Fasst man die entsprechenden Aussagen des vorangehenden Kapitels zusammen, so wird man sagen können, dass die damit definierte Grundlage der deutschen Energiepolitik für die nächsten Jahrzehnte weltweit praktisch einzigartig ist: Kein anderes vergleichbares Land verfolgt diese Motive gleichzeitig.

Dies kann auch nicht sehr überraschen, da ja schon die konsequente Ablehnung der weiteren Nutzung der Kernenergie kaum Nachahmer findet, und *da die beiden wichtigsten Motive – Kernenergie-Ausstieg und Senkung der CO_2-Emissionen – in entgegengesetzter Richtung wirken* und daher in dieser Kombination notwendigerweise eine besonders anspruchsvolle und im Konkreten aufwändige Energiepolitik nach sich ziehen müssen.

Genauso ist aber festzuhalten: Die vier Motive bilden einen klaren, sehr breiten Konsens in der deutschen Bevölkerung ab, d. h. die deutsche Energiepolitik ist aktuell fest in der Gesellschaft verankert.

Zum Verhältnis Motive – Ziele

Zunächst ist klar: Die drei Ziele der Energiewende sind geeignet, die vier grundlegenden Motive tatsächlich – zumindest längerfristig – zu erfüllen.

Interessanter ist die umgekehrte Frage: Wenn man die vier leitenden Motive der deutschen Energiepolitik als gegeben hinnimmt (unabhängig davon, wie man sie beurteilt und welchen Stellenwert man ihnen einräumt im Gesamtkontext politischer Überzeugungen und Motive), ist dann die Energiewende – zumindest ihrer *Richtung* nach – „alternativlos"? Oder wäre auch eine in wesentlichen Teilen andere Energiepolitik geeignet, die vier Motive zu erfüllen?

Geht man dieser Frage nach, so wird schnell klar, dass die *Kombination* dieser Motive entscheidend ist. Denn würde man etwa nur das Motiv „Ausstieg aus der Kernenergie" verfolgen, so wäre auch eine Politik des Ausbaus der fossilen Stromerzeugung zielführend (und voraussichtlich kostengünstiger); würde man nur das Motiv „Senkung der CO_2-Emissionen" oder das Motiv „Senkung der Abhängigkeit von fossilen Energieträgern" verfolgen, könnte man dazu auch auf einen massiven Ausbau der Kernenergie setzen.

Auch eine Kombination von nur *zwei* der drei wesentlichen Motive ließe noch andere Optionen offen:

- Die beiden Motive „Senkung der CO_2-Emissionen" plus „Senkung der Abhängigkeit von fossilen Rohstoffen" könnten auch zu einer Politik des Ausbaus der Kernenergie führen.

- Die beiden Motive „Senkung der CO_2-Emissionen" plus „Ausstieg aus der Kernenergie" ließen auch einen Ausbau der fossilen Stromerzeugung in Verbindung mit der CCS-Technologie (**C**arbon **C**apture and **S**torage, also die Filterung von CO_2 aus den Abgasen der Kraftwerke mit anschließender Lagerung des CO_2 im Untergrund) zu – ohne den Ausbau der EE.
- Schließlich könnten die beiden Motive „Ausstieg aus der Kernenergie" plus „Senkung der Abhängigkeit von fossilen Rohstoffen" allein auch zu einer Politik führen, die sehr stark den Ausbau der Stromerzeugung aus deutscher Braunkohle (oder auch die stärkere Förderung von Erdgas und Steinkohle im Inland, wobei das schnell zu Kostenfragen führen würde) forciert, gegebenenfalls in Kombination mit großen Offshore-Windparks. Die Vorräte an deutscher Braunkohle sind so groß, dass man 50 Jahre lang 75 % der Stromerzeugung in Deutschland ohne Probleme darstellen könnte; allerdings müsste man dann die aktuelle Förderung und Verstromung von Braunkohle etwa verdreifachen – mit erheblichen Folgen für den Landschaftsverbrauch und für die CO_2-Emissionen.

Kombiniert man freilich alle drei Motive miteinander, d. h. legt man die wesentlichen aktuellen Motive der deutschen Energiepolitik zugrunde, so führt das im Wesentlichen auf die Energiewende in ihrer jetzigen Ausprägung, genauer auf die drei Zielrichtungen der deutschen Energiewende.

Theoretisch bzw. rein technisch denkbar wäre auch eine Politik des massiven Ausbaus der Stromproduktion aus heimischer Braunkohle, verbunden mit dem flächendeckenden Einsatz der CCS-Technologie – entweder ausschließlich oder in Kombination mit einem gewissen Ausbau von EE. Es ist aber zuzugeben, dass die CCS-Technologie

- für solch einen breiten Einsatz noch nicht ausgereift genug ist – dies wäre gegebenenfalls durch entsprechende Anstrengungen in Forschung und Entwicklung zu überwinden,
- von den Kosten her noch nicht abschätzbar ist,
- die quantitativ angestrebten CO_2-Ziele wohl nicht erfüllen kann,
- auf sehr massive grundsätzliche Akzeptanzprobleme in der deutschen Gesellschaft stößt,

sodass diese theoretische Option auf längere Sicht nicht wirklich als realistisch eingestuft werden kann.

> **Fazit**
>
> Legt man die vier Motive der deutschen Energiepolitik zugrunde, dann gibt es zu den Zielrichtungen der Energiewende keine vernünftige Alternative.

Bedeutung der quantitativen Zieldimensionen

Die Kernaussage des vorangehenden Abschnittes lautete, dass bei Zugrundelegung der vier Motive der deutschen Energiepolitik die Politik der Energiewende in ihrer Grundausrichtung im Wesentlichen „alternativlos" ist.

Wir haben aber bereits darauf hingewiesen, dass man unterscheiden muss zwischen den drei Ziel*richtungen* der Energiewende und den dabei festgelegten *konkreten quantitativen Zielen*. Und weniger die Richtung als vielmehr die quantitativen, zeitlichen Dimensionen der Energiewende-Politik sind es ja, die für den größten Teil der aktuellen Kontroversen, der konkreten politischen Instrumente und für einen erheblichen Teil der Kosten verantwortlich sind.

Daher stellen wir die Frage: Woher kommen diese konkreten quantitativen Zielfestlegungen der Energiewende? Inwieweit sind auch sie konsequente Folge der vier politischen Motive, inwieweit sind sie eher willkürlich – und könnten damit ohne Diskreditierung der Energiewende als solcher geändert werden?

Bei nüchterner Analyse wird man diese Frage wohl zweigeteilt beantworten müssen.

Einerseits

Es gibt in der weltweiten Klimaschutz- und CO_2-Debatte eine wichtige Grundthese, die zwar nicht von allen, aber doch von den meisten Klimawissenschaftlern geteilt wird: das sogenannte 2-Grad-Celsius-Prinzip (im Folgenden „2°-Prinzip"). Die These lautet: Wenn es gelingt, den – vor allem, so die Voraussetzung, durch die zivilisatorischen CO_2-Emissionen verursachten – Klimawandel dahingehend zu begrenzen, dass die weltweite Durchschnittstemperatur um nicht mehr als 2° gegenüber dem vorindustriellen Niveau (d. h. gegenüber ca. 1750/1800) steigt, lassen sich die Folgen des Klimawandels einigermaßen beherrschen. Andernfalls – also bei einem Anstieg der Durchschnittstemperatur um mehr als 2° – seien die Folgen weit dramatischer und kaum beherrschbar.

Das „2°-Prinzip" wurde auch im Pariser Klimavertrag im Dezember 2015 zur Grundlage des weltweiten Handelns gemacht. Es ist, so die wissenschaftliche Überzeugung, wenn überhaupt nur dann noch erfüllbar, wenn die Industrieländer ihre CO_2-Emissionen bis 2050 um mindestens 80 % gegenüber 1990 senken.

Die deutsche Bundesregierung hat sich für dieses Ziel ausgesprochen, es in den internationalen Konferenzen unterstützt und damit automatisch zur Vorgabe des eigenen politischen Handelns gemacht, auch die deutschen CO_2-Emissionen bis 2050 um mindestens 80 % zu senken.

Genau dies – die Senkung der deutschen CO_2-Emissionen um mindestens 80 % bis 2050 (bei gleichzeitigem zügigen Ausstieg aus der Kernenergie) – kann tatsächlich als das zentrale Leitmotiv der Energiewende-Politik gelten; und dies war insbesondere die zentrale Eingangsvoraussetzung für die Gutachten, die die Bundesregierung 2011 erstellen ließ, um den konkreten Pfad für die Energiewende festzulegen und auf dieser Basis dann konkrete Maßnahmen zu konzipieren.

In der Tat: Der von der Bundesregierung festgelegte Pfad insbesondere

- für die deutliche Steigerung der Stromeffizienz
- für den schrittweisen Ausbau der erneuerbaren Energien (2020: > 35 %, 2030: > 50 %, 2040: > 65 %, 2050: > 80 % Anteil an der Stromerzeugung),

ist abgeleitet aus den Szenarien dieser Gutachten.

Insofern können die konkreten quantitativen Zieldimensionen der Energiewende bzgl. Stromeffizienz und EE-Ausbau durchaus als politisch gut begründet gelten:

2°-Prinzip

- → CO_2-Emissionen der Industrieländer = −80 % bis 2050,
- → deutsche CO_2-Emissionen = −80 % bis 2050,

- → wissenschaftliche Gutachten mit dieser Vorgabe,
- → mögliche Pfade für Stromeffizienz und EE-Ausbau,
- → quantitative Ziele der Energiewende.

Andererseits

Schaut man sich diesen Gedankengang noch einmal an, kann man vor allem an zwei Stellen durchaus Zweifel anmelden:

1. In den letzten Jahren ist klar geworden, dass angesichts der faktischen und absehbaren Entwicklung der CO_2-Emissionen das 2°-Prinzip sehr schwer zu erfüllen sein wird: Zu rasant steigen die CO_2-Emissionen weltweit weiter an, hauptsächlich aufgrund der entsprechenden Steigerungsraten in den Entwicklungs- und den Schwellenländern. Vor diesem Hintergrund muss die Frage erlaubt sein – auch in Bezug auf die Überlegungen im dritten Kapitel –, ob eine Politik, die sich vor allem auf dieses Motiv („Senkung der *deutschen* CO_2-Emissionen") konzentriert und dafür ja ganz erhebliche Anstrengungen unternimmt, noch als gut begründet gelten kann: Ein stärkerer Fokus auf die eigentlich relevanten weltweiten CO_2-Emissionen, vor allem auf die Verbreitung CO_2-armer Technologien in den Entwicklungs- und Schwellenländern, wäre sehr wahrscheinlich sinnvoll.
2. Deutlicher noch werden die Zweifel, wenn man das Ende der oben genannten gedanklichen Kette in den Blick nimmt: Es sind bis zum angestrebten Zustand im Jahr 2050 verschiedene Pfade denkbar, und für die Wahl der Bundesregierung lassen sich nur schwer gute Argumente finden.

Konkret: Wenn man den angestrebten Endzustand im Jahr 2050

- keine Kernenergie,
- 80 % der Stromerzeugung aus EE,
- 25 % weniger Stromverbrauch (ohne Strom für Wasserstoffproduktion),

für erforderlich erachtet, so wäre bis dahin doch auch ein Pfad wie in Tabelle 5.1 genauso sinnvoll möglich.

Es ist offensichtlich, dass schon in den Jahren 2011–2015 sowie in den nächsten Jahren bis 2020 eine solche alternative Dimensionierung der Energiewende-Ziele zu politischen Maßnahmen geführt hätte bzw. führen würde, die sich deutlich von den tatsächlich getroffenen bzw. absehbaren Maßnahmen unterscheiden; und die erheblichen Kontroversen rund um die Energiewende wären wahrscheinlich deutlich entschärft.

Wir werden auf diesen Aspekt im Laufe des Buches noch zurückkommen.

Tab. 5.1 Denkbarer alternativer Pfad der Energiewende

Zieldimension	Alternativer Pfad	Energiewende-Meilensteine
Abschaltung KKW	Bis 2035	Bis 2022
EE bis 2020	25 %	>35 %
EE bis 2030	40 %	>50 %
EE bis 2040	60 %	>65 %
EE bis 2050	80 %	>80 %

5 Vier Motive der Energiewende – Analyse

Fazit

Die für die Charakteristik der deutschen Energiewende entscheidenden quantitativen Zieldimensionen sind insgesamt in wichtigen Teilen gut nachvollziehbar, weisen aber bzgl. der Geschwindigkeit des Umbaus auch willkürliche Elemente auf – mit durchaus erheblichen Folgen für die konkrete Energiepolitik in Deutschland spätestens seit 2011.

6
Rahmenbedingungen der Energiewende – Beschreibung

Auf den ersten Blick scheint es, als sei mit den drei Zielen der Energiewende – inklusive deren quantitativen Festlegungen – und den dahinter liegenden vier politischen Grundmotiven die Energiepolitik weitgehend festgelegt, und als sei damit das Aussehen der deutschen Energielandschaft in den nächsten Jahrzehnten ziemlich eindeutig determiniert.

Auf den zweiten Blick erkennt man jedoch schnell, dass dem nicht so ist. Ein starkes Indiz dafür liefert folgende Tatsache: Bezüglich der Ziele und Motive der Energiewende herrschen seit 2011 – nach den langen Jahren der zähen politischen Kämpfe – unter den großen politischen Parteien in Deutschland weitgehende Einigkeit und in der Gesellschaft ein sehr breiter und stabiler Konsens; und dennoch gibt es weiterhin intensive, nicht selten auch erbitterte politische und gesellschaftliche Diskussionen und Auseinandersetzungen um die richtige Energiewende-Politik. Wie kann das sein?

Unabhängig davon zeigt auch eine rein sachliche Analyse: Innerhalb des durch die drei Ziele und vier Motive gesteckten Rahmens sind – auf der Basis von gegenwärtig verfügbaren Technologien – ganz verschiedene Umsetzungen der Energiewende möglich ... und somit ganz verschiedene „Energielandschaften" in Deutschland denkbar.

Lassen Sie uns zur Verdeutlichung zwei davon kurz skizzieren.

Eine konsequent *zentrale* Energiewende
Bei dieser Energiewende hätte der Staat – d. h. konkret eine mit entsprechenden Befugnissen ausgestattete Behörde – von Anfang an (aber spätestens seit 2011) die Standorte der neu zu bauenden EE-Anlagen zentral geplant, an den aufgrund der natürlichen Gegebenheiten optimalen Standorten jeweils viele Anlagen gebündelt, deren Bau und Betrieb ausgeschrieben und so ein System „erneuerbarer Großkraftwerke" geschaffen. Im Zuge dessen hätte der Staat – mithilfe einer verstaatlichten Übertragungsnetzgesellschaft – ein erweitertes Transportnetz gebaut, um den so erzeugten EE-Strom in die Verbrauchszentren zu transportieren. Und er hätte ab einem bestimmten Zeitpunkt auch die notwendigen Speicher errichtet. Ebenso hätte diese Behörde die Struktur des fossilen Kraftwerksparks so ausgerichtet, dass die jetzigen Probleme sowohl auf der wirtschaftlichen Seite als auch bezüglich der CO_2-Emissionen (auf die wir im zweiten Teil des Buches näher eingehen) von Anfang an vermieden worden wären – etwa durch den sukzessiven Abbau von Kohlekraftwerken zugunsten von Gaskraftwerken.

Eine konsequent *dezentrale* Energiewende
Bei dieser Energiewende wäre ein Traum wahr geworden, der auch heute noch in vielen Städten und Gemeinden in

Deutschland mehr oder weniger explizit geträumt wird: der Traum von der (weitgehenden) Energieautarkie bzw. – gemäß dem Fokus dieses Buches – der Stromautarkie.

In der Tat wäre es schon mit heute verfügbaren Technologien möglich, die meisten kleineren Städte und Gemeinden (weitgehend) stromautark zu machen. Man benötigt „nur" eine geeignete Kombination von lokalen Windrädern, lokalen Biomasseanlagen, PV-Anlagen, lokalen Blockheizkraftwerken (BHKW) und lokalen Speichern. Bezüglich der großen Metropolen ist es etwas schwieriger, aber im Kern ebenso möglich: Für sie bräuchte man über einen längeren Zeitraum noch große konventionelle Kraftwerke rings um die Großstadt (soweit sie nicht bereits existieren), und diese würden sukzessive ersetzt bzw. ergänzt durch viele PV-, Wind- und Biomasseanlagen inkl. Speicher in der Peripherie.

In einer solchen Energiewende-Welt würde u. a. sukzessive die Notwendigkeit großer Überlandleitungen entfallen und der Bau neuer großer Netztrassen wäre ohnehin nicht erforderlich.

Klar ist: Beide geschilderten Szenarien, also beide „Energielandschaften" erfüllen die Ziele und Motive der Energiewende. Dabei unterscheiden sie sich fundamental voneinander. Und die „echte" Energiewende – d. h. der zurzeit tatsächlich politisch verfolgte Weg, also die tatsächliche Energielandschaft in Deutschland im Jahr 2016 – sieht noch einmal ganz anders aus. Oder genauer: Sie weist gewisse Elemente von Szenario 1 und gewisse Elemente von Szenario 2 auf.

Warum geht Deutschland nun weder den ersten noch den zweiten Weg – obwohl beide (jeweils unterschiedliche) wesentliche Vorteile aufweisen und eine ganze Reihe von aktuellen Problemen und Debatten vermeiden würden?

Wir werden am Schluss des ersten Teils noch einmal auf diese Frage ausführlicher zurückkommen und behaupten hier zunächst nur etwas plakativ: Szenario 1 bedeutet letztlich Planwirtschaft (und ist damit nicht kompatibel mit der Tatsache, dass in Deutschland die Energiewirtschaft und insbesondere die Stromerzeugung marktwirtschaftlich organisiert ist und bleiben soll); Szenario 2 ist extrem teuer (und ist damit nicht kompatibel mit dem Grundsatz, dass Energie bezahlbar bleiben soll).

Diese Grundsätze, unter die die Bundesregierung ihre Energiepolitik stellt, führen (neben historischen Zufällen und machttaktischen Erwägungen, die ja immer eine wesentliche Rolle bei der konkreten Gestalt der Politik spielen) dazu, dass sich Deutschland aus der Fülle möglicher Energiewende-Pfade eben für jenen Pfad entschieden hat, den wir zurzeit gehen.

> **Fazit**
>
> Das Fazit dieser Überlegung lautet: Wie es zu der Energiewende-Politik der Bundesregierung in ihrer jetzigen Gestalt gekommen und wie sie einzuordnen ist, lässt sich nur verstehen, indem man sich vor Augen führt, dass es weitere wichtige politische Grundentscheidungen im Zusammenhang mit der deutschen Energiepolitik gibt, die wir hier noch nicht angesprochen haben. Wir nennen sie in diesem Buch die **Rahmenbedingungen der Energiewende**.

Wir möchten die drei wesentlichen Rahmenbedingungen im Folgenden kurz beschreiben:

- Versorgungssicherheit,
- Wirtschaftlichkeit/Kosteneffizienz,
- Systemkonformität/Marktwirtschaft im Energiesektor.

Versorgungssicherheit

Unter Versorgungssicherheit im Strombereich versteht man die durchgängige Verfügbarkeit von Strom zu jeder Zeit. Sie wird in der Regel gemessen als die Dauer der durchschnittlichen Stromausfälle pro Jahr, d. h. die Zeit, in der jeder Stromverbraucher im statistischen Mittel ohne Stromversorgung ist. Für Deutschland liegt diese Zeit seit vielen Jahren bei etwa 15–20 Minuten pro Jahr – ein Spitzenwert in Europa und der Welt. Die Rahmenbedingung „Versorgungssicherheit" bedeutet für die Energiewende, dass die Umgestaltung der Energielandschaft und insbesondere der Stromerzeugung so vonstattengehen muss, dass der oben genannte Wert nicht – oder jedenfalls nicht signifikant – schlechter wird.

Es gibt noch andere, untergeordnete Aspekte von Versorgungssicherheit, vor allem die sogenannten „Stromwischer" (Spannungsschwankungen im Millisekundenbereich), auf die wir in diesem Buch aber nicht eingehen.

Wirtschaftlichkeit/Kosteneffizienz

Die Rahmenbedingung „Wirtschaftlichkeit" bedeutet konzeptionell, dass von oft mehreren Möglichkeiten für den weiteren Pfad der Energiewende diejenige, oder vorsichtiger: eine derjenigen gewählt werden sollte, die zu den geringsten volkswirtschaftlichen Kosten führt und damit die Volkswirtschaft – konkret die Unternehmen und die privaten Haushalte – am wenigsten finanziell belastet.

Es liegt wohl auf der Hand, dass die konkrete Umsetzung dieses Prinzips schwierig und kontrovers sein kann: Die Komplexität volkswirtschaftlicher Beziehungen und Aspekte führt dazu, dass die Kosten bestimmter grundsätzlicherer Wege bzw. bestimmter konkreter Maßnahmen im Voraus und im Detail schwierig zu bestimmen sein können.

Diese Rahmenbedingung, d. h. die Frage nach der Wirtschaftlichkeit bzw. der Kosteneffizienz innerhalb der Energiewende, wird in diesem Buch eine wesentliche Rolle spielen.

Systemkonformität/Marktwirtschaft

Unter „Systemkonformität" verstehen wir in diesem Buch die Rahmenbedingung für die deutsche Energiepolitik, dass sich diese Politik innerhalb des grundsätzlichen Ordnungsrahmens für die Energiewirtschaft bewegen soll, der im Jahr 1998 etabliert wurde und seitdem gilt. Dieser Ordnungsrahmen – definiert durch das Energiewirtschaftsgesetz (EnWG) und eine ganze Reihe von Verordnungen – besagt, dass in der Energiewirtschaft im Prinzip freier Wettbewerb und Marktwirtschaft herrschen sollen: Jeder Akteur kann vom Grundsatz her ein Kraftwerk bauen und den Strom anderen Akteuren im Markt anbieten, jeder Akteur kann in diesem Markt Strom kaufen und (End-)Kunden wie Industrieunternehmen oder Haushalten anbieten; jeder Kunde kann frei wählen, von wem er Strom für seinen Bedarf kaufen möchte.

Eine Ausnahme stellen nur die Stromnetze dar, die ein natürliches Monopol bilden und daher beim Betrieb und bei der Preisbildung staatlicher Kontrolle unterliegen.

Diese marktwirtschaftliche Ordnung bei Stromerzeugung, Stromhandel, Stromvertrieb (und auch bei weiteren energiebezogenen Dienstleistungen wie Energieberatung, Contracting, u. a.) gilt erst seit 1998. In den 80 bis 90 Jahren zuvor war die Stromwirtschaft eine Monopolwirtschaft, in der alle

Preise – und damit insbesondere auch der Bau von Kraftwerken – staatlicher Kontrolle unterworfen waren.

Der wesentliche Impuls in den 1990er-Jahren hin zum heutigen System ging von Europa, d. h. von der EU aus: Man wollte grenzüberschreitenden Wettbewerb innerhalb der EU ermöglichen, und dazu war die Liberalisierung der Strommärkte in den Mitgliedsländern eine zwingende Voraussetzung. Schon diese Einbettung der Energiewirtschaftsgesetze in das europäische Gesetzeswerk, aber natürlich auch die Bedeutung der Marktwirtschaft als fundamentales Prinzip der staatlichen Ordnung in Deutschland führen dazu, dass die grundlegende Transformation, die die Energiewende für die Energiewirtschaft bedeutet, die o. g. Prinzipien (weitestgehend) unangetastet lassen soll.

Da die Energiewende ihrem Kern nach eine *Wende in der Stromerzeugungslandschaft* in Deutschland ist, bedeutet das konkret: Der Energiewende-Pfad ist so weit wie möglich in der Form zu gestalten, dass auch weiterhin jeder Akteur Kraftwerke bauen (oder stilllegen) darf, dass auch weiterhin die Preise für Strom aus Kraftwerken am Markt gebildet werden und dass der Markt über den Erfolg, über die Fahrweise und über die Auslastung von Kraftwerken entscheidet (so wie der Erfolg eines Automodells über die Auslastung der entsprechenden Autofabrik entscheidet) und nicht eine staatliche Behörde.

7
Rahmenbedingungen der Energiewende – Analyse

Einordnung

Wirft man zunächst einen groben Blick auf die drei Rahmenbedingungen Versorgungssicherheit, Wirtschaftlichkeit/Kosteneffizienz, Systemkonformität/Marktwirtschaft –, so ist festzuhalten:

- Die ersten beiden – Versorgungssicherheit und Wirtschaftlichkeit – bilden zusammen mit „Umweltverträglichkeit" das berühmte Dreieck der Energiepolitik in Deutschland, das in nahezu jeder Broschüre, auf jeder Internetseite und in jeder Rede der Bundesregierung gern zu Anfang zitiert wird. Insofern haben sie tatsächlich den Charakter fundamentaler Leitlinien, eben den Charakter von Rahmenbedingungen, innerhalb derer sich *jede* deutsche Energiepolitik – jedenfalls dem Anspruch nach – bewegt hat und bewegen muss. Dieses Dreieck ist ganz unabhängig von der und viel früher als die Energiewende entstanden. Es existiert seit Jahrzehnten, und jede Bundesregierung, gleich welcher Couleur, hat es als Basis akzeptiert und vertreten.

- Demgegenüber hat der Grundsatz, dass Energiepolitik, genauer die Energiewende-Politik, innerhalb der marktwirtschaftlichen Ordnung gerade auch bezüglich der Stromerzeugung operieren sollte, eher impliziten Charakter; und er ist, wie dargestellt, jüngeren Datums. Dennoch kann man sicherlich davon ausgehen, dass diesem Prinzip alle wesentlichen politischen Akteure in Deutschland (mit Ausnahme gegebenenfalls der Linken) zustimmen.

Spannungsverhältnisse

Bei näherer Betrachtung ist es relativ offensichtlich, dass die Energiewende durchaus in einem klaren Spannungsverhältnis zu allen drei Rahmenbedingungen steht:

- Sie bedeutet eine Herausforderung für die *Versorgungssicherheit* aufgrund der Abhängigkeit der EE-Stromproduktion von Wetterbedingungen, die nichts mit der zu befriedigenden Nachfrage nach Strom zu tun haben.
- Sie bedeutet ebenso eine Herausforderung für die *Wirtschaftlichkeit*, denn ohne sie wäre heute der Strom für die meisten Endkunden spürbar preiswerter (vor allem durch den Wegfall der EEG-Umlage (s. dazu Kap. 15, Abschn. „Hintergrund: Mechanismus des Erneuerbare-Energien-Gesetzes (EEG)") in Höhe von 6,35 ct/kWh (2016)).
- Sie bedeutet schließlich per se einen erheblichen staatlichen Eingriff in den *Markt* der Stromerzeugung.

Dieses sind Spannungsverhältnisse, keine Widersprüche; sie zeigen nur schlaglichtartig auf, dass eine Energiewende-Politik, die sich – wie es jedenfalls abstrakt der Konsens in der deutschen Parteienlandschaft und in der deutschen Gesellschaft ist – den drei Rahmenbedingungen unterwirft, eine ambitionierte Unternehmung ist: Sie muss den konkreten Pfad der Umsetzung suchen, der - über das ihr inhärente, unvermeidliche Maß an Beeinträchtigung hinaus - die Prinzipien Versorgungssicherheit, Wirtschaftlichkeit, Systemkonformität möglichst wenig beeinträchtigt.

> **Mit anderen Worten:**
> Bei der Umsetzung der Energiewende muss die Politik die Spannungsverhältnisse mit den Rahmenbedingungen auf das durch das Energiewende-Vorhaben grundsätzlich verursachte unvermeidliche Ausmaß begrenzen.

Eindeutigkeit der Energiewende-Zukunft

Die Frage

Der Gedankengang dieses Kapitels – ja, der bisherige Gedankengang dieses Buches – führt jetzt zwangsläufig zu folgender Frage:

Wenn man die Energiewende will, und wenn man gleichzeitig die drei Rahmenbedingungen akzeptiert – inwieweit ist dann der Pfad der Umsetzung *festgelegt*?

Das heißt: Wenn es richtig ist, dass die Ziele und Motive der Energiewende noch mehrere, ganz verschiedene Möglichkeiten der Umsetzung, also unterschiedliche zukünftige „Energielandschaften" zulassen – inwieweit führen dann die drei Rahmenbedingungen zu *einer* dieser Umsetzungen, zu *einem* Pfad, zu *einer* zukünftigen Energielandschaft in Deutschland?

Diese Frage mag vielleicht akademisch erscheinen. Tatsächlich ist sie es aber nicht; sie ist vielmehr von unmittelbarer praktischer Relevanz. Man kann dieselbe Frage nämlich auch ganz anders stellen: Sind die – trotz des eigentlich sehr weitgehenden Konsenses in Politik und Gesellschaft bezüglich der Ziele, Motive und Rahmenbedingungen der Energiewende – fortgesetzten intensiven politischen Auseinandersetzungen, ja Streitigkeiten rund um die Energiewende eigentlich wirklich nötig? Das heißt:

- Stammen sie daher, dass es tatsächlich auch unter Zugrundelegung dieses Konsenses noch ganz verschiedene Möglichkeiten für die Verwirklichung der Energiewende gibt, zwischen denen man unter Berücksichtigung weiterer Aspekte oder politischer Grundeinstellungen entscheiden muss?
  In diesem Fall wird man zu dem Schluss kommen, dass die politischen Auseinandersetzungen zunächst berechtigt und unvermeidlich sind. Und man wird dann analysieren müssen, in welcher tiefer liegenden Differenz der aktuelle Dissens um ein Thema der Energiewende begründet ist.
- Oder rühren sie daher, dass sich einzelne Protagonisten der politischen Auseinandersetzung zwar abstrakt zu dem Konsens bekennen, einzelne der sich daraus zwangsläufig ergebenden konkreten Konsequenzen aber dennoch (aus welchen Gründen auch immer) ablehnen, also deutlicher gesagt aus der *Inkonsequenz* einzelner Protagonisten?

In diesem Fall wird man zu dem Schluss kommen, dass die politischen Auseinandersetzungen eigentlich unberechtigt sind, d. h. nicht unbedingt – jenseits politischer Machtspiele – ernst genommen werden müssen.

Die eingangs formulierte Frage ist also wesentlich, wenn man die politischen Debatten über verschiedene Aspekte der Energiewende verstehen will, wenn man sie einordnen und bewerten möchte, wenn man also nach *Transparenz* bezüglich dieser Diskussionen sucht.

Die Antwort

Unsere Antwort auf die gestellte Frage ist:

> **Antwort**
> Wesentliche konkrete Aspekte der Energiewende-Zukunft sind – wenn man die Ziele, die Motive und die drei Rahmenbedingungen zugrunde legt – tatsächlich weitgehend festgelegt.

Welche das im Einzelnen sind, werden wir im nächsten Kapitel unter der Überschrift „Systemische Folgen" darlegen.

Berechtigte und unberechtigte Diskussionen

Es gibt allerdings auch Aspekte, die man auf den ersten Blick durchaus wesentlich nennen könnte und bezüglich derer man aus jeweils guten Argumenten heraus unterschiedlicher Auffassung sein kann. Dazu gehört zum Beispiel die Ausgestaltung der Rahmenbedingungen für konventionelle Kraftwerke in den nächsten zehn Jahren, mit anderen Worten: die Debatte des Jahres 2015 um das richtige „Strommarktdesign", d. h. um das im Sommer 2016 in Kraft getretene neue Strommarktgesetz.

Wir schlagen jedoch vor, diesen Zusammenhang von der entgegengesetzten Seite aus zu sehen: Wenn es richtig ist, dass mit den Zielen, Motiven und Rahmenbedingungen alle wesentlichen energiepolitischen Beweggründe und Argumentationsparameter erfasst sind, dann folgt daraus konsequenterweise, dass verbleibende unterschiedliche Auffassungen, die sich innerhalb des so gesteckten Rahmens bewegen, eben – *jedenfalls aus energiepolitischer Sicht – nicht wesentlich* sind. Denn der eine wie auch der andere der in einer solchen Debatte vertretenen Vorschläge um die Ausgestaltung der Energiewende erfüllt ja die Ziele, Motive und Rahmenbedingungen.

Konkret bedeutet das: Die Entscheidung etwa über ein neues Strommarktdesign (s. genauer Kap. 13, Abschn. „Folgen für den konventionellen Kraftwerkspark und für die etablierte Energiewirtschaft") muss natürlich getroffen werden. Aber es ist – jedenfalls aus Sicht der Energiewende – wichtiger, die getroffene Entscheidung gut und konsequent umzusetzen als für welche Option entschieden wird. Und es ist nicht sinnvoll, über die Entscheidung an sich und die damit verworfenen Alternativen weiter zu debattieren (es sei denn, es gibt neue substanzielle Erkenntnisse).

Eine genauere Analyse dieser Debatten würde den Rahmen dieses Buches sprengen, aber so viel sei gesagt: Die Tatsache, dass es bzgl. der jeweils zur Entscheidung stehenden Optionen bei der weiteren Umsetzung der Energiewende – auch unter

Wissenschaftlern – oft recht unterschiedliche Auffassungen gibt, liegt im Kern an zwei Dingen:

- Zum einen können die Folgen einer bestimmten Entscheidung bzw. eines Lösungsansatzes (insbesondere die volkswirtschaftlichen Kosten) schwer eindeutig zu bestimmen sein, da es um komplexe Märkte, vielschichtige Verflechtungen mit externen Einflussfaktoren und eine Vielzahl von Akteuren geht.
- Zum anderen kann es, wenn alle Folgen einer Entscheidung relativ klar auf dem Tisch liegen, zu Unterschieden in der Gewichtung zum Beispiel der drei Rahmenbedingungen kommen: Eine Lösung könnte kostengünstiger sein, dafür aber weitere Eingriffe des Staates erfordern; eine andere vorgeschlagene Lösung könnte dem Prinzip der Marktwirtschaft besser entsprechen, dafür aber mehr Kosten verursachen.

> **Fazit**
>
> Es gibt für die konkrete Ausgestaltung der Energiewende in einer Reihe von Aspekten, es gibt für eine Reihe durchaus kontroverser - und *aus der Sicht einzelner Akteure* auch wesentlicher - politischer Entscheidungen innerhalb der Energiewende nicht den einen, den einzig richtigen konsequenten Weg.

Es können somit – berechtigt und verständlicherweise – sowohl verschiedene Standpunkte in der sachlichen Folgenabschätzung als auch Bewertungsunterschiede bestehen bleiben, zwischen denen die verantwortliche Politik dann jeweils abwägen und entscheiden muss. Das ist oft mühsam, zieht hitzige Debatten nach sich, führt zum Eindruck von Chaos und Uneinigkeit und birgt gegebenenfalls sogar die Gefahr in sich, die Energiewende insgesamt zu desavouieren.

Objektiv betrachtet, ist dies jedoch unvermeidlich: Die Energiewirtschaft ist zu komplex, zu sehr auch international verflochten und zu vielen Einflüssen ausgesetzt, als dass man in allen Fragen – auch bei einem starken, ehrlichen Grundkonsens bezüglich der wesentlichen Grundlagen der Energiewende – Einigkeit erwarten könnte.

Unerfreulich ist dabei allerdings, dass es in einer solchen Debatte nicht selten dazu kommt, dass sich die Protagonisten verschiedener Lösungsansätze gegenseitig „Verrat an der Energiewende" vorwerfen oder gar ein Scheitern der Energiewende prophezeien, wenn die Lösungsvorschläge des Diskussionsgegners umgesetzt würden. Das ist Polemik ... und somit genau das, was den anderen vorgeworfen wird: Verrat an der Energiewende.

Von großer Bedeutung ist es, abschließend, die eben betrachteten Aspekte und politischen Entscheidungen von jenen zu trennen, für die die Ziele, Motive und Rahmenbedingungen der Energiewende eine eindeutige Richtung weisen.

In der Tat: es ist die mangelnde Trennung dieser beiden Kategorien von Fragestellungen/politischen Entscheidungen, die in der Öffentlichkeit während der letzten Jahre zunehmend den Eindruck hinterlässt, die Energiewende versinke im Streit, in der Vielfalt gegensätzlicher Interessen, im Sumpf politischer Profilierung.

Es ist daher ein wichtiges Anliegen dieses Buches, diese Trennung klar zu vollziehen – d. h. darzustellen, welche Entscheidungen innerhalb der Energiewende, welche Konturen der zukünftigen Energielandschaft in Deutschland eben nicht vernünftig in Frage gestellt werden können, d. h. eigentlich nicht Gegenstand der politischen Auseinandersetzung sein sollten.

Das nächste Kapitel ist dieser Aufgabe gewidmet.

8
Systemische Folgen

Aufgabe und Anliegen dieses Kapitels sind es, zu beschreiben, welche Folgen sich für die konkrete Energielandschaft in Deutschland aus der Energiewende zwingend ergeben, so wie wir sie mit Zielen, Motiven und Rahmenbedingungen definiert haben. Wir nennen sie die *systemischen Folgen* der Energiewende.

Wir haben in den vorangegangenen Abschnitten gesehen, dass die Beschreibung der systemischen Folgen unter anderem wichtig ist, um zu erkennen,

- welche der aktuellen (und der noch zu erwartenden) vielfältigen Diskussionen und Streitpunkte bezüglich anstehender energiepolitischer Entscheidungen sinnvoll sind – weil sie nämlich offene Gestaltungsmöglichkeiten innerhalb der Energiewende betreffen;

- und welche nicht sinnvoll sind – weil sie aus mangelnder Einsicht in die notwendigen Folgen der Energiewende entstehen, oder aus mangelndem Mut, zu diesen Folgen auch dann zu stehen, wenn sie bestimmten Partikularinteressen zuwiderlaufen und daher Proteste hervorrufen.

Was also sind die Folgen für die deutsche Energielandschaft, für die deutsche Energiewirtschaft und auch für die Energiepolitik, die unvermeidlich sind, wenn man die Energiewende inklusive der drei Rahmenbedingungen akzeptiert hat?

Drei Bemerkungen seien vorangestellt:

1. Abstrakt ist klar, dass diese Folgen in ihrer Deutlichkeit, ihrem Gewicht, ihrer gestaltenden Kraft zunehmen, je weiter die Energiewende voranschreitet, d. h. insbesondere je weitgehender Kern- und fossile Kraftwerke durch EE-Kraftwerke ersetzt worden sind. Bemerkenswert ist in diesem Zusammenhang, dass nicht wenige Folgen schon jetzt, nach nur fünf (von 40) Jahren offiziell propagierter Energiewende, durchaus signifikant zutage treten (vgl. den zweiten Teil des Buches).
2. Es ist sicherlich nicht übertrieben zu sagen, dass einige dieser Folgen nicht klar genug gesehen wurden, als die wesentlichen Entscheidungen für die Energiewende getroffen worden sind; insofern tun sich Gesellschaft und Politik teilweise durchaus schwer, mit diesen Entwicklungen umzugehen.
Oder anders formuliert: Die entsprechenden Themen werden oft als Probleme, ja als Widersprüche oder gar als Aspekte des Scheiterns dargestellt, obwohl sie doch untrennbar mit der Energiewende verbunden sind und – bei

nüchterner Analyse – auch im Kern hätten *vorhergesehen werden können*.
3. Wir beschränken uns im Folgenden auf die systemischen Folgen, die aus dem Ziel „Ausbau der erneuerbaren Energien" erwachsen; die systemischen Folgen des Ausstiegs aus der Kernenergie und diejenigen aus der Steigerung der Stromeffizienz sind demgegenüber deutlich weniger relevant bzw. kontrovers.

Art der erneuerbaren Energien 1

Wenn eines der drei Ziele der Energiewende lautet: „Ausbau der erneuerbaren Energien bis auf mindestens 80 % der deutschen Stromerzeugung", ist damit noch keine Aussage darüber getroffen, auf welche der zurzeit bekannten Technologien im Bereich der erneuerbaren Energien man dabei setzen möchte oder sollte. Widmen wir uns also zunächst der Frage: Welche EE-Technologien sollten sinnvollerweise bei der Energiewende eingesetzt werden?

Als einsetzbar im Sinne einer technologischen Reife, die eine weitgehende Vorhersehbarkeit der Performance der EE-Anlage (im Sinne von Leistung, Stromproduktion, Lebensdauer, Wirkungen auf die unmittelbare Umgebung, Kosten u. a.) erlaubt, können derzeit für Deutschland gelten:

- Wasserkraftanlagen (Laufwasser),
- Biomasseanlagen (Biogas, Holz),
- Windkraftanlagen an Land (onshore),
- Windkraftanlagen auf See (offshore),
- PV-Anlagen.

Es ist dabei durchaus möglich, dass es im Laufe der nächsten Jahrzehnte technologische Entwicklungen gibt, die einen Einsatz weiterer EE-Typen erlauben und damit eine Rolle für die Umsetzung der Energiewende spielen (z. B. geothermische Kraftwerke, Gezeitenkraftwerke, u. a.); aber es liegt wohl auf der Hand, dass die Frage dieses Kapitels unabhängig davon beantwortet werden muss.

Zu den EE-Technologien Wasserkraft und Biomasse:
Die Wasserkraft wird seit Jahrzehnten (unabhängig von der jeweiligen Energiepolitik) genutzt, d. h. sie ist bereits seit Jahrzehnten als einzige EE fester Teil des Strommix in Deutschland. Sie ist allerdings – und hier sind sich alle Experten einig – ebenfalls bereits seit Jahren weitgehend an ihrer natürlichen Grenze angekommen, die bei ca. 5 GW Leistung und 20–25 TWh pro Jahr (= 20-25 TWh/a) Stromproduktion liegt. Daher spielt sie für den geplanten Ausbau der EE und für die Energiewende keine Rolle.

Die Stromerzeugung aus Biomasseanlagen wurde seit 2000 von 0 auf heute ca. 7 GW ausgebaut (ca. 3 GW Holz, 4 GW Biogas) und liefert heute ca. 50 TWh pro Jahr Strom, also immerhin ca. 25 % der gesamten aktuellen EE-Produktion und ca. 8 % der gesamten Stromerzeugung.

Die Biomasseanlagen nehmen innerhalb der verfügbaren EE-Technologien eine besondere Rolle ein. Sie funktionieren nämlich nach demselben Grundprinzip wie fossile Kraftwerke: Der Brennstoff wird verfeuert und die so freigesetzte Energie zunächst in Dampf und dann in Strom umgewandelt. Mit anderen Worten: Biomasseanlagen sind in gewisser Weise „gewöhnliche Kraftwerke", nur dient als Brennstoff statt Kohle, Erdgas oder Erdöl (also in der Erdkruste gespeicherte, vor Jahrmillionen entstandene Biomasse) Biomasse, die in den letzten Jahren bzw. Jahrzehnten entstanden ist (Biomasseanlagen stoßen daher auch CO_2 aus – aber eben genau die Menge, die die Biomasse bei ihrem Wachstum in den Jahren zuvor der Atmosphäre entzogen hat; insofern können Biomassekraftwerke als CO_2-neutral gelten).

Dementsprechend haben diese Kraftwerke auch dieselben Charakteristika wie konventionelle Kraftwerke: Sie sind weitgehend ortsunabhängig, d. h. können in der Nähe von Verbrauchsschwerpunkten gebaut werden, sie sind jederzeit verfügbar und können sich auch von ihrer Steuerung her dem jeweils aktuellen Verbrauch anpassen.

Daraus folgt: Wäre es möglich, einen sehr großen Teil der Energiewende/des Ausbaus der EE mit diesen Biomasseanlagen zu gestalten, könnte die gesamte Strominfrastruktur weitgehend unverändert bleiben, d. h.: Die in diesem Kapitel noch zu beschreibenden weitreichenden systemischen Folgen der Energiewende würden gar nicht oder nur sehr moderat eintreten; die Änderung bestünde im Kern nur in einem Wechsel des Brennstoffes in den Kraftwerken.

Dies ist jedoch eindeutig nicht möglich. Der Grund hierfür ist einfach: Die Brennstoffe für die Biomasseanlagen – Biogas, gewonnen aus Mais und aus anderen landwirtschaftlichen Produkten, und Holz – müssen ja in Deutschland produziert werden, und die dafür notwendigen Flächen stehen nicht zur Verfügung.

Wollte man zum Beispiel 500 TWh Strom (d. h. ca. 80 % des Bruttostromverbrauches in Deutschland) aus Biogas gewinnen, so wäre hierfür eine Anbaufläche von über 20 Millionen Hektar erforderlich; die gesamte landwirtschaftliche Anbaufläche in Deutschland beträgt aber nur 17 Millionen Hektar.

Tab. 8.1 Nutzung der landwirtschaftlichen Flächen in Deutschland

	Mio. Hektar	%
Futtermittel	9,5	57
Nahrungsmittel	4,6	27
Energiepflanzen für Biogas	1,3	8
Sonstige	1,3	8
Gesamt	**16,7**	**100**

Stand 2013

Schon für die aktuellen ca. 30 TWh Strom aus Biogas sind Ackerflächen von ca. 1,3 Millionen Hektar erforderlich, d. h. ca. 8 % der verfügbaren Flächen in Deutschland; weitere 5 % werden für Biotreibstoffe genutzt (Tab. 8.1). Dieser Anteil lässt sich nur schwer weiter steigern, und so ist in den Szenarien der Bundesregierung (Leitstudie 2011) ab 2015 auch nur ein sehr moderates weiteres Wachstum der Stromproduktion aus Biomasse vorgesehen.

Dasselbe gilt weitgehend auch für feste Biomasse, d. h. für Holz: Bereits ca. 50 % des deutschen Holzaufkommens werden zurzeit energetisch genutzt, wobei hier die Nutzung für Raumwärme die Nutzung für Stromproduktion dominiert.

Natürlich könnte man fragen, ob sich nicht Biomassebrennstoffe importieren ließen; aber zum einen würde das dem Energiewende-Motiv „Senkung der Abhängigkeit von Energieimporten" widersprechen, zum anderen wäre ein solcher Weg von den Kosten her nicht darstellbar. Ohnehin ist die Biomasse schon seit einigen Jahren die mit Abstand teuerste EE-Technologie.

Fazit: Biomasse hat beim *bisherigen* Pfad der Energiewende eine nicht unerhebliche Rolle gespielt und sie besitzt attraktive Eigenschaften; aber für die *Zukunft* der Energiewende in Deutschland kann sie keinen großen Beitrag liefern.

> **Fazit**
>
> Rein konzeptionell steht damit fest: Deutschland ist bei der Energiewende für den Ausbau der EE in der Stromerzeugung im Kern auf Wind und Sonne angewiesen, d. h. auf Windanlagen (onshore und offshore) und auf PV-Anlagen.

Dieser einfache Satz hat sehr weit reichende Folgen – eben die systemischen Folgen der Energiewende, die es im Folgenden zu analysieren gilt.

Art der erneuerbaren Energien 2

Im bisherigen Verlauf der Energiewende haben Sonne und Wind beim Ausbau der EE klar dominiert: Betrachtet man die EE-Anlagen, die 2000-2015 zugebaut wurden, so entfallen über 90 % der Leistung und über 70 % des produzierten Stroms auf Wind (onshore) und Sonne. Offshore-Windstrom hat demgegenüber bisher keine nennenswerte Rolle gespielt. Wir haben zudem soeben gesehen, dass für die Zukunft der Energiewende in Deutschland – aus heutiger Sicht – überhaupt nur noch Sonne und Wind zur Verfügung stehen.

Aber in welchem Verhältnis untereinander könnten bzw. sollten die drei EE-Technologien

- Wind (onshore) = Wind(on),
- Wind (offshore) = Wind(off) und
- PV

in der Zukunft zueinander stehen? Wäre es zum Beispiel sinnvoll, sich auf eine oder zwei dieser drei Technologien zu fokussieren? Und weiter gehend: Wäre es eventuell auch im bisherigen Verlauf des Ausbaus der EE in Deutschland schon sinnvoll gewesen, z. B. nur Windanlagen zu bauen?

Schauen wir uns zur Beantwortung dieser Frage wesentliche Charakteristika der beiden bisherigen Säulen der Energiewende, PV und Wind(on), genauer an:

- Beide sind ausreichend verfügbar: Bereits ca. 1 % der Fläche von Deutschland reicht aus, um Deutschland mit PV-Strom zu versorgen; bei Wind(on) sind es noch weniger.
- Beide Energiearten sind sehr standortabhängig: im Großen, d. h. hinsichtlich der geografische Lage in Deutschland, wie im Kleinen, d. h. bzgl. der unmittelbaren Umgebung (Verschattung, Windabdeckung etc.).
- Beide Energiearten sind zeitlich nicht steuerbar, d. h. die Stromproduktion hängt zu 100 % von den lokalen Wetterverhältnissen ab. Mit anderen Worten: Bei einer installierten Leistung von 1 MW schwankt die tatsächlich verfügbare Leistung zwischen 0 und 1 MW.
- Beide Energiearten sind zudem sehr volatil, d. h. binnen kurzer Zeit – eine Stunde, in Extremfällen auch eine Viertelstunde – kann die verfügbare Leistung und damit die Stromproduktion der Anlage stark schwanken.

- Beide sind aktuell vergleichbar in den Kosten: 1 MW PV-Leistung kostet ca. 1,0 Mio. €, 1 MW Wind(on)-Leistung kostet ca. 1,5 Mio. €; die Gesamtkosten pro Kilowattstunde Strom betragen heute ca. 8–9 ct bei PV, ca. 7–8 ct bei Wind(on).
(Dies war allerdings nicht immer so: Im Jahr 2005 etwa war PV-Strom noch ca. dreimal so teuer wie Wind(on)-Strom; und auch in Zukunft könnte die Kostenentwicklung durchaus unterschiedlich sein, wobei die Mehrzahl der Experten der PV größere Chancen für weitere substanzielle Kostensenkungen einräumt.)
- Schließlich gilt auch, dass sowohl PV- als auch Windkraftanlagen reine Fixkostensysteme sind: Die Investitionskosten für die Anlagen sind hoch, aber die Produktion der einzelnen Kilowattstunde kostet dann nichts mehr. Dies steht im Kontrast zu den konventionellen Kraftwerken (oder auch Biomassekraftwerken), bei denen die Brennstoffkosten (also die Kosten, um bei vorhandener Anlage eine einzelne Kilowattstunde zu produzieren) eine erhebliche Rolle spielen.

> **Fazit**
>
> Von den zentralen technisch-physikalischen Parametern als auch von zentralen wirtschaftlichen Parametern her sind sich die beiden zurzeit dominierenden EE-Technologien PV und Wind(on) sehr ähnlich.

Vor diesem Hintergrund stellen wir uns nun noch einmal die Frage: Wäre es gegebenenfalls klüger gewesen, im bisherigen Verlauf der Energiewende nur auf eine dieser beiden Technologien zu setzen?

Diese Frage kann man wohl relativ eindeutig verneinen. Es war richtig und es ist auch für die absehbare Zukunft richtig, die Energiewende auf beiden Säulen umzusetzen. Die zentralen Gründe hierfür lauten:

- Es war 2005 oder 2010 nicht oder nur zum Teil absehbar, wie sich sowohl die Technik als auch die Kosten der beiden Systeme entwickeln würden; und es ist auch heute nur sehr schwer zu prognostizieren, welche technologischen Weiterentwicklungsmöglichkeiten die PV und die Windkraft noch in sich bergen, aber auch vor allem, wie die Kosten dieser Systeme im Jahr 2030 oder gar im Jahr 2050 aussehen werden. Allein aus Gründen der Risikostreuung war und ist es daher sinnvoll, beide Systeme weiterzuentwickeln und in Deutschland einzusetzen.
- Beide Energiearten ergänzen sich ganz gut, sowohl in *räumlicher Hinsicht* – Windkraft findet eher im Norden Deutschlands gute Bedingungen vor, PV dagegen im Süden – als auch in *zeitlicher Hinsicht*: PV hat um die Mittagszeit und im Sommer hohe Produktionswerte, Windkraft eher im Winter und gleichmäßig über den Tag verteilt. Mit anderen Worten: Die wetterbedingten räumlichen und zeitlichen Schwankungen in der Stromproduktion mitteln sich in einem PV-Wind-System deutlich besser heraus als in einem reinen PV- oder reinen Windsystem.

Wenn diese Überlegungen auch zu einem klaren Ergebnis führen, so stellt sich jedoch noch die Frage nach der Rolle der Offshore-Windtechnologie: Ist diese als dritte Säule in einem Wind-PV-System erforderlich und ist sie sinnvoll?

Nein, erforderlich im engeren Sinne ist eine dritte Säule offensichtlich nicht, denn PV und Wind(on) reichen nach den oben genannten Zahlen eindeutig aus, um die – nach Abzug von Wasserkraft (20 TWh/a) und Biomasse (60 TWh/a) – verbleibenden ca. 350 TWh/a Strom zu liefern, die laut Planung der Bundesregierung (Leitstudie 2011) im Jahr 2050 aus inländischen EE benötigt werden.

Dennoch spielt die Wind(off)-Technologie in diesen Planungen eine erhebliche Rolle: Denn ca. 130 TWh/a Strom sollen 2050 damit produziert werden, ebenso viel wie durch Wind(on). Das Potenzial der Wind(off)-Technologie ist ebenfalls erheblich, wenngleich auch nicht so groß wie das von Wind(on) und PV: Zur Produktion von beispielsweise 100 TWh/a benötigt man ca. 5–6 % der Nordseefläche, die Deutschland zur Verfügung steht.

Der wesentliche Grund für die Berücksichtigung der Wind(off)-Technologie in allen Planungen liegt darin, dass sie trotz einer Reihe von grundsätzlich ähnlichen Charakteristika – Wetterabhängigkeit, Volatilität, Fixkostensystematik – einen wesentlichen Vorteil gegenüber PV und Wind(on) besitzt: Sie ist (zwar grundsätzlich wetterabhängig, aber) deutlich verlässlicher und konstanter verfügbar.

Dieser Vorteil wird freilich durch jedenfalls bislang deutlich höhere Gesamtkosten pro produzierter Kilowattstunde erkauft. Vor diesem Hintergrund gibt es durchaus prominente und ernst zu nehmende Stimmen, die – vornehmlich eben aus Kostengründen – einen Einsatz der Wind(off)-Technologie entweder ablehnen oder jedenfalls deutlich reduziert sehen wollen. In der Tat hat die Bundesregierung in den letzten Jahren ebenfalls ihre mittelfristigen Planungen bezüglich des Wind(off)-Ausbaus deutlich reduziert.

Die Frage lautete: „Ist die dritte Säule Wind(off) im vor uns liegenden Energiewende-Pfad wirklich sinnvoll?" Im Moment wird man sie vor dem geschilderten Hintergrund so beantworten müssen: Es ist wahrscheinlich sinnvoll, Erfahrungen mit dieser Technologie zu sammeln, mögliche Kostendegressionen und technologische Entwicklungen abzuwarten und dann im Lauf des nächsten Jahrzehnts zu entscheiden, welcher Grad des Ausbaus von Wind(off)-Anlagen zu einem kostenoptimierten Mix der EE-Systeme führt.

> **Fazit**
>
> Aufgrund der engen Begrenztheit von Wasserkraft und Biomasse in Deutschland muss die Energiewende für die Zukunft auf *beide* – bereits jetzt den EE-Bereich dominierenden – Technologien PV und Wind(on) setzen, bis zu einem gewissen, in der Zukunft festzulegenden Grad ergänzt durch die Wind(off)-Technologie.

Damit ist, um dies noch einmal zu betonen, noch keine Entscheidung getroffen zum optimalen Mengenverhältnis von PV und Wind in der Zukunft. Dies wird und muss zum großen Teil davon abhängig sein, wie sich diese zwei (bzw. drei) Technologien – durchaus auch in Konkurrenz untereinander – in den nächsten Jahrzehnten weiterentwickeln, insbesondere auf der Kostenseite.

Plastischer formuliert: Es ist durchaus denkbar, dass bei dem zwischen 2016 und 2050 notwendigen Zubau von ca. 240 TWh EE-Strom im Inland (von 2015 ca. 190 TWh auf dann ca. 430 TWh) sich ein Verhältnis von 70:30 PV zu Wind als optimal erweist – das hieße dann insgesamt 200 TWh PV-Strom, 150 TWh Windstrom. Es könnte aber auch sein, dass ein Verhältnis von 30:70 die volkswirtschaftlich beste Lösung sein wird – das hieße dann etwa 100 TWh PV-Strom und etwa 250 TWh Windstrom. *Rein technisch betrachtet sind beide Möglichkeiten eindeutig machbar.*

Netzausbau – die räumliche Dimension

Das Ergebnis der vorangehenden Abschnitte ist, dass Sonne und Wind(on) die wesentlichen Säulen der Energiewende in Deutschland sein müssen. Es wurde bereits gezeigt, dass beide Formen eine zentrale Gemeinsamkeit aufweisen: Die Stromproduktion hängt stark vom geografischen Standort ab, sowohl „im Großen" (im Norden oder im Süden Deutschlands) als auch „im Kleinen" (Standortwahl innerhalb einer Region).

Die Wind- bzw. die Sonnenintensität eines Standortes – d. h. die Qualität des Standortes für ein EE-Kraftwerk – ist aber offensichtlich völlig unabhängig von der Nähe dieses Standortes zu den großen Zentren des Stromverbrauches: Ein bzgl. der Wind- bzw. Sonnenintensität idealer Standort zur Stromerzeugung ist in der Regel nicht der Ort mit dem höchsten Energiebedarf.

Die Stromverbrauchszentren befinden sich „im Großen" eher im Süden und in der Mitte als im Norden Deutschlands, „im Kleinen" eher in städtischen als in ländlichen Regionen. Die südlichen Bundesländer (BY, BW, RP, SL) haben zusammen einen Stromverbrauch von ca. 220 TWh/a, die Nordländer (NS, SH, MV, BB, SAA, HB, HH, B) dagegen gemeinsam einen Stromverbrauch von ca. 140 TWh/a, also nur etwa 65 % davon (Tab. 8.2).

Tab. 8.2 Stromverbrauch der Regionen in Deutschland (in TWh), 2015

Region	(Brutto-)Stromverbrauch
Norden (NS, SH, MV, BB, SAA, HB, HH, B)	140
Mitte (NRW, HE, SA, TH)	240
Süden (BY, BW, RP, SL)	220
Gesamt	**600**

Damit entsteht eine konzeptionelle Frage bei der konkreten Umsetzung der Energiewende, die es bisher – bei konventionellen Kraftwerken – nicht oder nur sehr eingeschränkt gab:

- Entweder man orientiert sich beim Bau von EE-Anlagen, d. h. bei der Wahl der Standorte (wie bisher bei den konventionellen Kraftwerken), weitgehend an dem Kriterium „Wo wird der Strom schwerpunktmäßig gebraucht?"
- Oder man orientiert sich beim Bau/bei der Wahl der Standorte primär an der Frage: „Wo ist die Stromausbeute am besten?"

Klar ist: Bezüglich der Ziele und Motive der Energiewende ist diese Alternative irrelevant. Und wenn man eine hohe Versorgungssicherheit als in jedem Fall notwendig setzt, muss zwischen den beiden Alternativen auf Basis der Rahmenbedingung „Wirtschaftlichkeit/Kosteneffizienz" entschieden werden.

Die so fokussierte Frage lautet also: Ist es von den volkswirtschaftlichen Kosten her günstiger, die Standorte nach dem Kriterium „maximale Stromproduktion" auszuwählen und dann zusätzliche Stromnetze zu den räumlichen Schwerpunkten des Stromverbrauches zu bauen? Oder ist es volkswirtschaftlich günstiger, die Standorte der EE-Anlagen so weit wie möglich nahe den Verbrauchsschwerpunkten zu wählen, d. h. Einbußen bei der Stromproduktion pro Megawatt installierter Leistung in Kauf zu nehmen, dafür aber den Bau zusätzlicher Netze (jedenfalls zu erheblichen Teilen) zu vermeiden?

Die Frage mag dem Leser vielleicht etwas akademisch erscheinen – tatsächlich aber ist sie seit 2014 sehr aktuell: Die Frage der Notwendigkeit neuer großer Transportleitungen („Stromtrassen") von Norddeutschland nach Bayern und Baden-Württemberg gehört zu den umstrittensten Themen der Energiewende.

Um die Frage zu beantworten, sind folgende Fakten hilfreich:

- Die Windgeschwindigkeit liegt im Schnitt in Süddeutschland mindestens 30 % unter der in Norddeutschland, insbesondere in den küstennäheren Regionen. Die Stromproduktion einer 1 MW-Windanlage im Norden ist damit im Schnitt ca. 2,5- bis 3-mal höher(!) als im Süden. Wenn der Windstrom in küstennahen Regionen 6–7 ct/kWh kostet, so kostet er im Süden im Durchschnitt also mehr als das doppelte.
Anders betrachtet: Schon eine Einbuße von nur 10 % bei der Windgeschwindigkeit bei sonst gleichen Verhältnissen macht den Strom um mindestens 35 %, d. h. mindestens 2 ct/kWh teurer.
- Die geplante große Nord-Süd-Netzverbindung (Südlink: 4 GW, ca. 20 TWh/a Transportmenge) sollte als oberirdische Leitung ca. 2–3 Mrd.€ kosten. Dann betragen die jährlichen Kosten (Lebensdauer 40 Jahre) maximal

300 Mio.€/a, d. h. maximal ca. 1,5 ct/kWh. Mit anderen Worten: **Der Transport von 1 kWh Strom von Norden nach Süden kostet – bei oberirdischem Leitungsbau – nicht mehr als 1,5 ct.**

Die Folgerung aus diesen wenigen Zahlen ist klar: Es ist – allgemein gesprochen – in der Tat sinnvoller, weil deutlich günstiger, Windstrom an guten Windstandorten – d. h. hauptsächlich im Norden Deutschlands – zu produzieren und dann mit neu gebauten Netzen nach Süden zu transportieren, als diese Windanlagen schwerpunktmäßig im Süden Deutschlands, d. h. nahe den Verbrauchsschwerpunkten, zu bauen.

Genau so ist der bisherige Ausbau der Windenergie auch verlaufen: 70 % des Windstromes werden aktuell in Norddeutschland produziert, 30 % im Rest der Republik.

Lassen Sie uns in diesem Zusammenhang noch vier Aspekte ansprechen:

1. Die Zahlen zeigen auch, dass die Wind(off)-Technologie nicht schon deshalb für den zukünftigen Strommix in Deutschland ausscheidet, weil sie besonders weit weg von den Verbrauchsschwerpunkten liegt. Natürlich ist das ein Nachteil, auch kostenseitig. Aber wenn sich die Kostensituation bei der Wind(off)-Technologie selbst gut entwickelt, könnte dieser Nachteil relativ schnell kompensiert werden.
2. Bei der PV-Technologie weisen die entsprechenden Zahlen in keine eindeutige Richtung: PV-Strom ist im Süden im Schnitt ca. 10–20 % günstiger als im Norden, d. h. ca. 1–2 ct/kWh. Da bei PV geografische und Nutzungs-

aspekte jedoch in die gleiche Richtung weisen, spielt dies in der Praxis keine vergleichbare Rolle.
3. Bezüglich des Verhältnisses städtische Regionen – ländliche Regionen kann man ganz ähnliche Schlussfolgerungen ziehen, ohne dass wir das hier aus Platzgründen vertiefen wollen: Auch der Ausbau des Verteilnetzes ist günstiger, als bei der Wahl der Standorte im Sinne von maximaler Stromproduktion große Kompromisse einzugehen.
4. Beim aus heutiger Sicht wahrscheinlichsten Szenario bzgl. des zukünftigen EE-Ausbaus ist bereits 2030 eine EE-Produktion in Norddeutschland von mindestens 180 TWh/a zu erwarten – bei einem Stromverbrauch von nur 140 TWh/a in Norddeutschland. Auch aus dieser Überlegung ergibt sich die Notwendigkeit, im Rahmen der Energiewende in größerem Umfang Strom von Norden nach Süden zu transportieren.

> **Fazit**
>
> Es ist eindeutig volkswirtschaftlich sinnvoller, Windstrom vor allem im Norden von Deutschland zu produzieren und dann nach Süddeutschland zu transportieren, als die entsprechenden Windanlagen schwerpunktmäßig im Süden nahe den dortigen Verbrauchsschwerpunkten zu errichten (was rein technisch durchaus möglich wäre).
> Daher ist es eine wesentliche systemische Folge der Energiewende, dass in erheblichem Umfang neue Übertragungsnetze in Deutschland erforderlich sind.

Diese Überlegungen werden deutlich komplexer, wenn man – wie im Sommer 2015 geschehen – fordert bzw. entscheidet, dass neue Übertragungsnetze im Vorrang als unterirdische

Leitungen gebaut werden müssen: Die Kosten liegen dann nach vorläufigen, noch ungenauen Schätzungen mindestens dreimal(!) höher. Dieses Thema behandeln wir im zweiten Teil des Buches (Kap. 13, Abschn. „Netzausbau").

Volatilität – die zeitliche Dimension

PV-Strom und Windstrom sind jetzt und auch in der Zukunft die beiden wesentlichen Säulen der Energiewende in Deutschland, das steht fest. Sie besitzen – neben der Abhängigkeit der Stromproduktion von der räumlichen Lage, die wir im vorangehenden Abschnitt besprochen haben – noch eine weitere offensichtliche Gemeinsamkeit. Die Stromproduktion dieser Anlagen ist vollständig abhängig vom Wetter und damit vom Zeitpunkt: Sie schwankt stark im Laufe der Zeit, ohne dass dies beeinflussbar wäre. Für die einzelne Anlage – egal wo sie in Deutschland steht – ist das offensichtlich: Ihre nutzbare Leistung schwankt laufend, in der Regel innerhalb von Tagen, auf jeden Fall aber innerhalb einer Woche zwischen 0 und 100 % der installierten Leistung. Es gilt aber auch für Deutschland insgesamt: obwohl in Deutschland mittlerweile PV- und Wind(on)-Anlagen mit einer *installierten Leistung* von 80 GW in Betrieb sind – also fast so viel Leistung wie alle konventionellen Kraftwerke zusammen! –, schwankt die *nutzbare Leistung* dieses EE-Kraftwerksparks über das Jahr zwischen 0 und ca. 70 % der maximalen Leistung, also zwischen 0 und 50 GW. Die durchschnittliche Leistung über das ganze Jahr hinweg beträgt ca. 15 % der maximalen Leistung, d. h. zurzeit ca. 13 GW.

Anders formuliert: Aus 1 GW installierter PV-Leistung gewinnt man zurzeit nicht mehr als ca. 1 TWh/a, aus 1 GW installierter Wind(on)-Leistung etwa 1,7 TWh/a – im Vergleich zu ca. 7–8 TWh/a Strom aus 1 GW Kernenergie oder aus 1 GW Braunkohle.

Diese wenigen Zahlen haben sehr weit reichende Folgen, wenn man – wie es ja das Ziel der Energiewende ist – ein Stromsystem weitgehend auf erneuerbaren Energien, und für Deutschland heißt das eben weitgehend auf Solar- und Windstrom, aufbauen will.

Drei Folgen

1. Man benötigt sehr viel installierte Leistung für relativ wenig Strom. Wenn man im Jahr 2050 aus PV und Wind(on) 200 TWh/a gewinnen möchte, braucht man dafür mindestens ca. 120 GW Leistung (Szenario 2011 A). Die durchschnittlich benötigte Leistung in Deutschland beträgt aber nur ca. 60-65 GW, die maximal benötigte Leistung (an kalten Wintertagen) 80–85 GW.
Daraus folgt: Es wird viele Stunden im Jahr geben, in denen allein die installierten PV- und Wind(on)-Anlagen viel zu viel Strom produzieren; Strom also, der von den Stromverbrauchern in Deutschland zu diesem Zeitpunkt nicht benötigt wird. Wie geht man damit um?
2. Umgekehrt wird es trotz dieser enormen Leistung von 120 GW (zum Vergleich: Im Jahr 2000, vor der Energiewende, gab es in Deutschland nur ca. 100 GW Leistung von konventionellen Kraftwerken!) viele Stunden im Jahr geben, zu denen diese Anlagen fast keinen Strom produzieren, auf jeden Fall viel zu wenig, um die Stromnachfrage zu diesem Zeitpunkt in Deutschland zu decken. Wie geht man damit um?
3. Eine weitere wesentliche Folge – die wir aber im Folgenden nicht weiter diskutieren werden – ist die große, un-

beeinflussbare Änderung der Stromproduktion innerhalb kurzer Zeitabschnitte: Wenn auf einen windigen, sonnigen Tag eine windstille Abenddämmerung folgt, kann sich die Stromproduktion innerhalb weniger Stunden um 50 GW oder mehr ändern – eine Situation, die noch vor zehn Jahren undenkbar schien, und für die die traditionellen technischen Steuerungssysteme der Energieversorgungsunternehmen nicht ausgelegt sind. Auch für diese Situationen gilt es, Lösungen zu finden.

Konzentrieren wir uns aber auf die Punkte 1 und 2. Kurz gefasst heißt das ja: Manchmal steht durch Sonne und Wind viel zu viel Strom zur Verfügung, manchmal viel zu wenig. Oder anders formuliert: Die (wetterabhängige, d. h. zunächst nicht beeinflussbare) *Stromproduktion* passt überhaupt nicht zur *Stromnachfrage*.

Dies steht im krassen Gegensatz zur bisherigen Energiewirtschaft in Deutschland: Die konventionellen Kraftwerke wurden so gebaut und jeden Tag so betrieben (d. h. herauf- und heruntergefahren), dass die Stromnachfrage zu jeder Zeit genau gedeckt wurde.

Zwischenfazit

Es geht bei der Energiewende nicht nur darum, einfach bestimmte Kraftwerkstypen durch andere Kraftwerkstypen zu ersetzen, sondern es geht um eine viel fundamentalere Umgestaltung des gesamten Energiesystems.

Fünf Optionen

Wie kann man also mit dieser Herausforderung umgehen? Prinzipiell – also rein technisch-konzeptionell betrachtet – gibt es im Kern *fünf Möglichkeiten:*

1. EE abstellen
Die einfachste Möglichkeit besteht natürlich darin, bei zu großer Stromproduktionsmenge von PV und Wind(on) einen Teil der Anlagen einfach *abzustellen,* also die zur Verfügung stehende Energie „wegzuwerfen". Bei zu wenig Strom aus PV und Wind(on) kann die fehlende Strommenge in konventionellen Kraftwerken erzeugt werden (was jedoch zur Folge hat, große Teile des bisherigen konventionellen Kraftwerksparks auf Dauer weiter vorzuhalten).

2. Stromaustausch mit Nachbarländern
Eine zweite Möglichkeit ist der verstärkte *Austausch mit EU-Nachbarländern:* Durch Import und Export von Strom kann man die Über- und Unterproduktion entsprechend kompensieren (entsprechende Bereitschaft und technische Möglichkeiten in den Nachbarstaaten natürlich vorausgesetzt).

3. Stromnachfrage steuern
Die dritte Möglichkeit basiert auf einem anderen Ansatz: In der Energiewirtschaft wurde bisher, wie oben bereits erwähnt, die Nachfrage der Stromverbraucher in Deutschland als gegeben hingenommen und die Stromproduktion sowie das Steuerungssystem darauf ausgerichtet. Dies muss aber nicht so bleiben: Man kann fragen, ob sich nicht – zumindest in gewissem Maße – auch die *Stromnachfrage sinnvoll steuern* lässt.

Natürlich sollte das so geschehen, dass weder der Komfort in privaten Haushalten spürbar negativ beeinflusst noch die Leistungsfähigkeit der Wirtschaft beeinträchtigt wird.

Spinnt man diesen Gedanken weiter, so findet sich schnell eine ganze Reihe von Beispielen sowohl beim Stromeinsatz für industrielle Produktionen als auch in privaten Haushalten, die zeigen, dass eine solche Nachfragesteuerung zumindest grundsätzlich durchaus möglich ist. Solche Maßnahmen zur Steuerung der Stromnachfrage werden mit dem Stichwort DSM (Demand Side Management) bezeichnet.

4. Stromspeicher

Die vierte und in gewisser Weise vielleicht naheliegendste Möglichkeit, der Herausforderung zu begegnen, sind *Stromspeicher:* Bei zu viel Stromproduktion aus PV und Wind wird der Strom (ein-)gespeichert und dann bei Bedarf (zu wenig Stromproduktion) aus den Speichern wieder zur Verfügung gestellt („ausgespeichert").

Nach diesem Prinzip funktioniert zum Beispiel die gesamte deutsche Gaswirtschaft: Die weitgehend konstante Gasproduktion in den Produktionsländern Russland, Norwegen, Niederlande, die über Gaspipelines zu uns nach Deutschland kommt, wird durch riesige unterirdische Erdgasspeicher der über das Jahr sehr unterschiedlichen Nachfrage (im Winter hoher Erdgasverbrauch, im Sommer geringer Erdgasverbrauch) angepasst.

Diese so naheliegende Lösung ist jedoch mit einem elementaren Problem verbunden. Auch wenn der lange verbreitete Slogan „Strom kann man nicht speichern" im wörtlichen Sinne völlig falsch ist, kommuniziert er doch eingängig diese bislang nur unzureichend gelöste technische Herausforderung. Denn es ist sehr aufwändig, technisch anspruchsvoll und teuer, Strom in nennenswertem Umfang zu speichern, was auf ein zentrales Thema innerhalb der Energiewende hinführt:

„Kann man das Speicherproblem zu vertretbaren Kosten lösen?" So oder ähnlich lautet die in den letzten Jahren oft auch kontrovers diskutierte Fragestellung.

5. Zusätzliche Stromverbraucher/Sektorenkopplung
Schließlich gibt es noch eine fünfte Möglichkeit, um insbesondere das Problem der temporären Überproduktion zu lösen: Man installiert *zusätzliche* (d. h. heute strukturell noch nicht vorhandene) *sinnvolle Stromverbrauchsanlagen,* die variabel dann zugeschaltet werden können, wenn die Stromproduktion aus EE die aktuelle Nachfrage der bisherigen Stromverbraucher übersteigt. Was könnten solche „zusätzlichen sinnvollen Stromverbrauchsanlagen" sein? Anlagen zur Produktion von Wärme (und damit zur Substitution von fossilen Brennstoffen im Raumwärmebereich), Anlagen zur Produktion von Wasserstoff (etwa als Treibstoff für Autos), u. a. Dies würde gleichzeitig eine Verbindung zwischen den bisher weitgehend getrennten Energiesektoren Strom, Wärme und Verkehr schaffen, die sog. Sektorenkopplung.

Immerhin gibt es also fünf Optionen, um das Kernproblem der EE-Technologien PV und Wind(on) – komplette Abhängigkeit vom Wetter, damit starke unbeeinflussbare zeitliche Schwankungen im Stromangebot aus diesen Anlagen – zu lösen.

Welche ist die beste Option?

Zunächst einige wichtige Anmerkungen:

- Betrachtet man die verschiedenen Optionen, so ist klar, dass keine dieser Möglichkeiten eine andere ausschließt: Sie sind alle miteinander kompatibel und miteinander kombinierbar.

- Die Auswahl unter diesen Optionen muss – da sie alle die Ziele und Motive der Energiewende in gleicher Weise unterstützen – anhand der Kompatibilität mit den Rahmenbedingungen getroffen werden, insbesondere also anhand des Kriteriums, wie die kostengünstigste Lösung aussieht.
- Während die Optionen 1 und 4 die Herausforderung der schwankenden EE-Stromproduktion allein lösen könnten, ist dies bei Option 2 sowie realistischerweise auch bei den Optionen 3 und 5 nicht möglich; die letzteren können aber durchaus signifikante Beiträge liefern.
- Es wird allgemein erwartet – auch aufgrund der Tatsache, dass sich das Problem der Stromspeicherung angesichts des weltweiten EE-Ausbaus ebenfalls in anderen Ländern stellt –, dass es in der Speichertechnologie in den nächsten zehn bis 20 Jahren sehr erhebliche Fortschritte geben wird, sowohl auf der technologischen Seite als auch und insbesondere auf der Kostenseite.
- Verschiedene Studien zu diesen Thema zeigen übereinstimmend, dass man das Problem bis zu einem EE-Ausbau von etwa 50 % Anteil an der Stromerzeugung – d. h. laut gegenwärtigen Planungen bis etwa zum Jahr 2030 – weitgehend durch Option 1 lösen kann, und dass dies bis dahin recht eindeutig die volkswirtschaftlich günstigste Option darstellt.
- Schließlich wird man – sehr qualitativ, aber doch eindeutig – sagen können: Nach heutiger Einschätzung gibt es bei jeder Option eine nichtlineare Kostenkurve, d. h., je mehr man an Problemlösung von der Option verlangt, desto stärker steigen (nicht nur die absoluten, sondern auch) die spezifischen Kosten.

Man könnte jetzt detailliert auf Vor- und Nachteile, auf heutige Kostenabschätzungen etc. für diese Optionen

8 Systemische Folgen **89**

eingehen. Dies wäre jedoch eine Momentaufnahme, die schon in fünf Jahren ganz anders aussehen kann.

Daher halten wir nur allgemein fest: Es ist sinnvoll,

- in den nächsten zehn bis 15 Jahren vor allem auf Option 1 zu setzen (da die Zeiten mit deutlicher Über- bzw. Unterproduktion in diesem Zeitraum noch sehr begrenzt sind);
- diese Zeit zu nutzen, um Speichertechnologien, DSM-Möglichkeiten und den EU-Verbund so weit zu entwickeln, wie es möglich ist;
- und dann in den Jahren 2030 bis 2035 zu entscheiden (bzw. den Markt entscheiden zu lassen), in welchem Maße welche Option eingesetzt werden kann bzw. muss, um bei weiter wachsenden EE-Anteilen im System (und gleichzeitig vermehrtem altersbedingtem Ausscheiden der konventionellen Kraftwerke) den Ausgleich zwischen Stromproduktion und Stromnachfrage sicherzustellen. Dann muss also entschieden werden,
    - wie viel Gigawatt an konventionellen Kraftwerke bis 2050 gebraucht werden,
    - wie viel Gigawatt (zusätzliche) Exporte/Importe verlässlich vereinbart und transportiert werden können,
    - welche DSM-Maßnahmen dauerhaft ökonomisch sinnvoll sind,
    - ob zu günstigen Kosten zusätzliche Stromverbrauchsanlagen für Wärme und für Verkehrsanwendungen geschaffen werden können und so überschüssiger CO_2-freier Strom auch in anderen Energiesystemen genutzt werden kann,
    - wie viele Terawattstunden Speichervolumen für die weitere Energiewende erforderlich sind und welche Techno-

logien – ggf. auch nutzbare Speicher in Nachbarländern – dafür die kostengünstigsten sind.

Wahrscheinlich – mehr kann man heute nicht sagen – wird nach 2030 ein Mix aus allen fünf Optionen die kostengünstigste (und auch systemkonforme und versorgungssicherste) Lösung sein.

Was heißt das konkret?

Konkret bedeutet das mit Blick auf die systemischen Folgen der Energiewende:

- Trotz eines Ausbaus der EE-Anlagen von fast 100 GW (2015) bis auf ca. 150 GW im Jahr 2030 und bis auf mindestens 180 GW bis 2050 (bei einer maximalen Nachfrage in Deutschland von zurzeit ca. 80 GW) werden weiterhin in erheblichem Umfang konventionelle Kraftwerke erforderlich sein: im Jahr 2030 noch etwa 60–70 GW (von heute ca. 90 GW), im Jahr 2050 voraussichtlich noch etwa 30–50 GW.
  Mit anderen Worten: In durchaus erheblichem Maße werden die konventionellen Kraftwerke nicht etwa durch die EE-Kraftwerke ersetzt, sondern *die Energiewende erfordert zwei Kraftwerkssysteme*: ein konventionelles Kraftwerkssystem (erforderlich für die Stunden, in denen trotz enormer installierter EE-Leistung zu wenig EE-Strom produziert wird) und ein EE-System.
- In den Jahren 2030 bis 2050 werden in erheblichem Umfang Speicher und/oder zusätzliche, variabel einsetzbare Anlagen, die Strom in Wärme-/Verkehrsenergie umwandeln, und/oder zusätzliche Stromaustauschmöglichkeiten mit Nachbarländern erforderlich sein, um die die aktuelle Stromnachfrage übersteigende Stromproduktion zu vielen Stunden des Jahres sinnvoll nutzen zu können.

- In der Zukunft – beginnend im nächsten Jahrzehnt, intensiv dann ab ca. 2030/2035 – wird es durch die Energiewende aller Voraussicht nach ein komplexes Zusammenspiel verschiedener Bausteine geben, ausgehend von der volatilen Stromproduktion der PV- und Windanlagen: schnelles Herauf- und Herunterfahren konventioneller Kraftwerke, Einsatz verschiedener Arten von Stromspeichern, Export und Import erheblicher Strommengen, dazu Steuerung der Stromnachfrage über das Herunter- und Herauffahren industrieller Produktionsanlagen, Wärmepumpen, Nachtspeicherheizungen, zusätzlicher Stromanwendungen (etwa zur Wasserstoffproduktion) etc.

Es liegt auf der Hand, dass dafür hoch entwickelte, weitgehend automatisierte Steuerungssysteme erforderlich sind. Daher wird auch in der Energiewirtschaft die zunehmende *Digitalisierung der Wirtschaft* eine zentrale Rolle spielen.

> **Fazit**
>
> – Die den PV- und Wind(on)-Anlagen gemeinsame Charakteristik der zeitlichen Schwankungen in der Stromproduktion führt im Rahmen der Energiewende zu einer deutlich erweiterten Energie-Infrastruktur. Statt *eines* konventionellen Kraftwerksparks wird es *drei* relevante Anlagenparks geben müssen: einen EE-Anlagenpark, einen konventionellen Kraftwerkspark und einen Speicherpark.
>
> – Zudem wird es erforderlich sein, diese drei Parks zusammen mit zahlreichen Geräten bei den Stromkunden sowie neuen Stromleitungen ins Ausland intelligent so zu steuern, dass für jede Wetter- und damit jede Stromproduktionssituation aus den EE-Anlagen ein kostengünstiges Optimum unter Beachtung des Primats der Versorgungssicherheit realisiert wird.

Kleinteiligkeit der Energielandschaft

Der konventionelle Kraftwerkspark (Kernkraft, Kohle, Erdgas), der die Stromproduktion in Deutschland vor der Energiewende zu mehr als 90 % dominiert hat, war (und ist) einfach strukturiert: Es gibt nur wenige Hundert Kraftwerke mit einer typischen Größe von 300–1000 MW und einer typischen Stromproduktion von 1–10 TWh/a; es handelt sich um *industrielle Großanlagen*. Die Gründe dafür sind schnell aufgezählt: hohe Kostendegression (ein BHKW kostet mehr als fünfmal so viel pro installiertem kW wie ein Großkraftwerk), bessere physikalische Eigenschaften und bessere Möglichkeiten zur Reinigung der Abgase.

Diese Charakteristik hat auch zur Folge, dass nur wenige Unternehmen in Deutschland das Know-how und das nötige Kapital (typischerweise 0,1–1 Mrd.€) besaßen und besitzen, um solche Anlagen zu bauen und zu betreiben. Trotz seiner Größe nimmt ein typisches konventionelles Kraftwerk nur wenig Platz in Anspruch: das Kraftwerk selbst nur ca. 0,1 km^2, mit Nebenanlagen maximal 1 km^2.

Die EE-Anlagen unterscheiden sich auch in dieser Beziehung fundamental:

Zum einen gibt es nur eine geringe Kostendegression: Eine Windkraftanlage hat näherungsweise dieselben spezifischen Kosten (d. h. Kosten pro installiertem MW) wie zehn oder 100 Windkraftanlagen in einem Anlagenpark. (Bezüglich der *einzelnen* Windkraftanlage ist die Kostendegression erheblich, und hier schreitet die technische Entwicklung auch voran, aber mehr als 3–4 MW pro Anlage (onshore) scheinen aus heutiger Sicht schwer realisierbar.) Dasselbe gilt für PV-Module.

Zum anderen haben EE-Kraftwerke einen im Vergleich zu konventionellen Kraftwerken immensen Flächenverbrauch: Für ein 1000-MW-Solarkraftwerk bräuchte man 6 km^2, also ein Feld von 2 × 3 km Länge. Ein Windkraftwerk von 1000 MW würde sich sogar über eine Fläche von weit über 100 km^2 erstrecken; die zwischen den einzelnen Anlagen liegenden Felder kann man dabei allerdings weiter landwirtschaftlich nutzen. Rein technisch und ökonomisch ist gegen eine solche Dimension nichts einzuwenden, aber in einem dicht besiedelten Land wie Deutschland sind diese Größenordnungen nicht realisierbar.

(Dies gilt in noch viel stärkerem Maß, wie wir schon in Abschn. „Systemische Folgen I: Art der erneuerbaren Energien 1" gesehen haben, für Biogasanlagen: für eine 1000 MW-Biogasanlage wäre eine Anbaufläche von über 3000 km^2 im Umkreis der Anlage erforderlich.)

Was folgt daraus?
EE-Kraftwerke sind typischerweise viel kleiner als konventionelle Kraftwerke; und sie können – ohne größere kostenmäßige oder technische Nachteile – auch wirklich klein sein: PV Anlagen und Biogasanlagen nur wenige Hundert kW, Windanlagen nur wenige MW. Entsprechend betragen die Kosten solcher Anlagen typischerweise zwischen 1 und 50 Mio.€. (Bei noch kleineren Anlagen – die im PV-Bereich weit verbreitet sind – steigen die spezifischen Kosten dann deutlich an).

Mit anderen Worten: EE-Kraftwerke sind keine industriellen Großanlagen, sondern es handelt sich um eine Technik, die in wenigen Tagen oder Wochen ohne allzu komplexes Know-how aus Standardkomponenten in verschiedensten Größen zusammengesetzt werden kann.

Diese gänzlich andere Charakteristik bezüglich Größe, Know-how und notwendigem Kapital hat weitreichende Folgen:

- Die Energielandschaft in Deutschland wird durch den stark wachsenden EE-Anlagenpark viel kleinteiliger: Statt weniger Hundert Kraftwerke sind jetzt schon mehrere Tausend Windparks, etwa 10.000 Biogasanlagen und weit über eine Million PV-Anlagen installiert.
- Der Bau von EE-Anlagen ist nicht auf einige wenige Unternehmen beschränkt, sondern kann von sehr vielen Akteuren geplant, finanziert und realisiert werden.
- Diese Kleinteiligkeit und diese Akteursvielfalt ist freilich auch aus einem ganz anderen Grund von Bedeutung: Allein die EE-Anlagen, die zwischen 2000 und 2014 gebaut wurden, haben ca. 170 Mrd.€ an Investitionen erfordert (vgl. den dritten Teil dieses Buchs). Eine solche Summe hätte unmöglich von der etablierten Energiewirtschaft aufgebracht werden können: Die Unternehmen der Energiewirtschaft (EVU) haben in diesem Zeitraum nur ca. 100 Mrd.€ im Strombereich investiert, wovon allein für die Stromnetze bereits 50 Mrd.€ erforderlich waren.
Plastisch formuliert: Die Energiewende hat allein von der Finanzierungsseite her bislang nur deshalb funktioniert, weil der EE-Ausbau relativ kleinteilig vonstattengehen und daher auf viele Schultern – zahlreiche investierende Akteure – verteilt werden kann. (In der Tat entfallen nur ca. 10–20 % der bisherigen Investitionen in EE-Anlagen auf die etablierten EVU.)

Lassen Sie uns zum Abschluss dieses Abschnitts noch einige weitere Aspekte in diesem Zusammenhang kurz ansprechen:

- Wie wir gesehen haben, führen die Charakteristika von PV und Wind systemisch dazu, dass die Stromerzeugung in Deutschland im Zuge der Energiewende viel kleinteiliger wird und von viel mehr Akteuren getragen werden muss als bisher.
  Historisch betrachtet war dies – nicht nur aufgrund der hohen Investitionssummen – geradezu eine Voraussetzung dafür, dass die Energiewende in Deutschland den bisherigen schnellen Verlauf genommen hat: Denn die etablierten EVU standen lange Zeit – noch bis zum Ende des letzten Jahrzehnts – den EE skeptisch gegenüber und waren entsprechend trotz guter erzielbarer Renditen mit Investitionen in EE-Anlagen sehr zurückhaltend. Andere Akteure waren notwendig, um den Ausbau der EE zwischen 2000 und 2010 voranzutreiben.
- Ein wesentlicher Nebeneffekt der beschriebenen Entwicklung ist auch, dass damit einer der wichtigsten Kritikpunkte an der bisherigen Stromerzeugungslandschaft in Deutschland automatisch beseitigt wird: das „Oligopol" in der deutschen Stromerzeugung. Tatsächlich waren über 80 % des konventionellen Kraftwerksparks in den Händen von nur vier Unternehmen: E.ON, RWE, EnBW und Vattenfall. Inwieweit die damit verbundene Kritik an diesen Unternehmen bzw. an diesem Zustand berechtigt war oder nicht, kann in diesem Buch dahingestellt bleiben. Festzuhalten bleibt aber: **Durch die Energiewende wird das „Oligopol der vier Großen" systemisch aufgebrochen, und das ist für einen bedeutenden Teil des politischen und gesellschaftlichen Spektrums in Deutschland ein zusätzliches Motiv für die Energiewende – über die beschriebenen vier Motive der Energiewende hinaus.**

- Der angesprochene erhebliche Flächenverbrauch der EE-Anlagen gegenüber konventionellen Kraftwerken hat noch einmal eigene Implikationen, die wir im nächsten Abschnitt besprechen werden.
- Die Überlegungen gelten für die bisher dominierenden Technologien PV und Wind(on) sowie auch für Biomasse. Die Wind(off)-Technologie gleicht in dieser Beziehung eher den konventionellen Kraftwerken: typischerweise 100–1000 MW, Investitionssummen von 0,1–1 Mrd.€, eine sehr komplexe Technologie – und daher nur von Großunternehmen realisierbar.

Fazit

- Die Stromerzeugung vor der Energiewende wurde dominiert von wenigen industriellen Großanlagen und lag dementsprechend in der Hand von wenigen großen Unternehmen der Energiewirtschaft.
- Die Stromerzeugung aus EE (an Land) ist im Gegensatz dazu charakterisiert durch sehr viele Anlagen unterschiedlicher Größenordnungen – die größten davon sind immer noch um einen Faktor zehn kleiner als konventionelle Kraftwerke – und durch eine Vielzahl von unterschiedlichen Unternehmen und Akteuren, die diese Anlagen bauen, finanzieren und betreiben können.
- Die Energiewirtschaft der Zukunft ist damit technisch viel kleinteiliger und wirtschaftlich-gesellschaftlich viel komplexer organisiert als in der Vergangenheit.

Flächenbedarf, physische Präsenz der EE

Wie bereits im vorangehenden Abschnitt beschrieben, haben EE-Anlagen – insbesondere die Technologien PV und Wind(on) – einen deutlich höheren Flächenbedarf als konventionelle Kraftwerke. Vor allem bezüglich der Windanlagen gelangt dies auch zunehmend in das öffentliche Bewusstsein: Das Schlagwort von der „Verspargelung" der Landschaft greift um sich, und zumindest punktuell wächst der Widerstand gegen neue Windkraftprojekte.

Auf die nicht unberechtigte Diskussion der letzten Jahre über die sehr erhebliche Flächeninanspruchnahme durch die Biogasanlagen (zurzeit ca. 13.000 km^2) und die damit zusammenhängenden Themen – Monokulturen, „Vermaisung" der Landschaft, Energie- versus Nahrungsmittelproduktion – gehen wir hier nicht weiter ein. Denn erstens kann der Status quo jetzt wohl als weitgehend akzeptiert gelten; zweitens und vor allem werden die Biomasseanlagen für den weiteren EE-Ausbau (aller Voraussicht nach) allein aus Kostengründen keine signifikante Rolle spielen. Es ist im Gegenteil zu erwarten, dass es nach 2025 (d. h. nach Ende der jeweiligen 20-jährigen EEG-Förderung) zu einem sukzessiven Rückgang der Biogasanlagen zugunsten von PV- und Windanlagen kommen wird. Anders formuliert: der sehr große Flächenverbrauch der Biogasanlagen ist eigentlich *keine systemische Folge* der Energiewende – sie ist auch ohne Biogasanlagen umsetzbar –, sondern ein (voraussichtlich teilweise nur vorübergehender) *historisch bedingter Zustand.*

Wie ist das Thema Flächenbedarf - bzgl. PV und Wind - für die Zukunft einzuordnen?
Gehen wir von dem geplanten Ziel-Zustand im Jahr 2050 aus und nehmen an, dass ca. 60–70 GW Windanlagen an Land installiert sind und ca. 70 GW PV-Anlagen (davon ca. ein Drittel auf Dächern, d. h. ohne zusätzliche Flächeninanspruchnahme). Die PV-Freiflächenanlagen würden dann eine Fläche von maximal 300 km² beanspruchen. Die 60–70 GW Windanlagen in Windparks von zwei bis 20 Anlagen erstrecken sich auf einer Gesamtfläche von ca. 2000–3000 km² – wobei die Anlagen selbst nur maximal 200 km² Fläche beanspruchen, d. h. die restlichen Flächen sind weiter landwirtschaftlich nutzbar.

Schaut man auf diese Zahlen, so wird man drei Aspekte der Betrachtung unterscheiden müssen:

- Der tatsächliche Verbrauch von Flächen durch die EE-Anlagen ist praktisch vernachlässigbar (< 500 km²), ca. 0,1 % der Fläche Deutschlands.
- Die Flächenabdeckung der EE-Anlagen (ohne Biogasanlagen) liegt mit ca. 3000 km² zwar höher, aber immer noch unter einem Prozent der Landesfläche Deutschlands und damit nicht in einer Größenordnung, die ein ernstes Hindernis für die Energiewende darstellen sollte.
  Es ist in diesem Zusammenhang auch zu erwähnen, dass aktuell 2000–3000 km² Landesfläche durch den Braunkohle-Abbau beansprucht werden, was im Zielzustand 2050 nicht mehr der Fall sein wird; **die Flächenbilanz zwischen dem bisherigen und dem neuen Energiesystem ist also weitgehend ausgeglichen.**
- Die kritischere Frage bezieht sich auf die mittelbaren Auswirkungen: Während die großen PV-Anlagen (auch durch

die Lage entlang von Verkehrsstrecken) weniger auffallen und weitgehend unumstritten sind (und bleiben dürften), sind die 2050 zu erwartenden, je nach Entwicklung 2000 bis 4000 Windparks in Deutschland ein nicht zu übersehender, das Landschaftsbild dann an zahlreichen Orten prägender Teil der deutschen Realität. Dies gilt natürlich vor allem für Norddeutschland und insbesondere für die Küstenregionen.

Folgen für den konventionellen Kraftwerkspark und für die etablierte Energiewirtschaft

Wir haben in den vorangehenden Abschnitten gesehen, dass die Charakteristik der beiden wesentlichen Säulen der deutschen Energiewende – PV und Wind(on) – unvermeidlich dazu führt, dass trotz des massiven Zubaus neuer EE-Kraftwerke im Zuge der Energiewende der bisherige konventionelle Kraftwerkspark in erheblichem Umfang auch in der Zukunft gebraucht wird.

Schauen wir uns dies noch einmal in Zahlen (Leitstudie 2011, Szenario 2011 A, 2030 an die aktuellen Planungen der Bundesregierung angepasst) an (Tab. 8.3).

Was bedeuten diese Zahlen?

- Der konventionelle Kraftwerkspark ist – abgesehen von der erzwungenen Stilllegung von ca. 8 GW Kernkraftwerken im Jahr 2011 – in den letzten 15 Jahren praktisch gleich geblieben. Zumindest bis 2030 werden auch erhebliche Teile (ca. 70 %) des heutigen Parks weiterhin gebraucht.
- Die Auslastung dieser Kraftwerke ging bis heute kaum zurück. Exportbereinigt (d. h. für den Strombedarf in Deutsch-

Tab. 8.3 Konventioneller Kraftwerkspark in Deutschland

	2000	2010	2015 (Ist)	2030 (Plan)	2050 (Plan)
Leistung (GW)	100	100	90	70	35
Strommenge (TWh)	540	510	405	250	80
+ Export (TWh)	0	18	52	(offen)	(offen)

land) liefern diese konventionellen Kraftwerke im Jahr 2015 noch 75 % der Strommenge, die sie 2000 geliefert haben, bei einer installierten Leistung von ca. 90 %. Dieser Effekt konnte jedoch durch den vermehrten Export von Strom weitgehend kompensiert werden: Pro Gigawatt installierter konventioneller Leistung wurde 2015 fast dieselbe Strommenge produziert wie im Jahr 2000 (ca. 5 TWh pro GW).

- Dies wird sich jedoch (ohne Stromexporte) bis 2030 auf ca. 3,6 TWh pro GW verringern, und in den Jahrzehnten danach werden die konventionellen Kraftwerke gemäß der Energiewendekonzeption zunehmend nur eine Back-up-Funktion erfüllen, d. h. nur dann hochgefahren, wenn die mindestens 180 GW installierte EE-Leistung nicht ausreicht, um die aktuelle Inlandsnachfrage zu decken.

Da nach den jetzigen Marktregeln in Deutschland Kraftwerke ausschließlich über die produzierte Strommenge ihr Geld verdienen, stellt sich angesichts dieser Zahlen die Frage, ob auch eine jährliche Produktion von 3 TWh oder gar nur 2 TWh pro GW (statt heute 5 TWh pro GW) ausreichen wird, um diese Kraftwerke in einer marktwirtschaftlichen Ordnung rentabel zu betreiben.

Es gibt auf diese Frage rein konzeptionell im Wesentlichen zwei Antworten:

- Entweder müssen die konventionellen Kraftwerke in Zukunft pro produzierter Kilowattstunde im Durchschnitt deutlich mehr Geld verdienen als heute.
- Oder die Marktregeln müssen dahingehend modifiziert werden, dass konventionelle Kraftwerke (nicht nur für die produzierte Strommenge, sondern) auch für die Zurverfügungstellung von gesicherter Leistung – oder anders ausgedrückt: für die Back-up-Funktion, die sie im Gesamtsystem wahrnehmen – Geld erhalten.

Die Entscheidung für eine dieser beiden Optionen *muss* erfolgen, wenn die Rahmenbedingung „Systemkonformität/ Marktwirtschaft" erfüllt werden soll. Und sie muss so erfolgen, dass es auch in den nächsten Jahrzehnten Unternehmen geben wird, die bereit sind, konventionelle Kraftwerke zu betreiben bzw. in solche zu investieren.

Geschieht dies nicht, d. h., sind konventionelle Kraftwerke nicht in ausreichendem Umfang vorhanden, wäre die offensichtliche Folge, dass bei Wetterlagen mit wenig Wind und wenig Sonne die Versorgungssicherheit in Deutschland nicht aufrechterhalten werden könnte.

> **Fazit**
>
> Eine systemische Folge aus dem Ausbau der EE in Verbindung mit den Rahmenbedingungen „Versorgungssicherheit" und „Systemkonformität/ Marktwirtschaft" ist: Die Marktregeln für konventionelle Kraftwerke müssen langfristig dahingehend neu gestaltet werden, dass diese Kraftwerke im er-

> forderlichen Umfang im Markt rentabel betrieben werden können.

Man kann diese Überlegungen noch weiter verfeinern anhand der konkreten Kraftwerkssituation in Deutschland. In den Jahren 2000 bis 2010 – als die EE noch keinen nennenswerten Einfluss auf den Strommarkt hatten – gab es im Wesentlichen folgende Merit Order (= Einsatzreihenfolge) von Kraftwerken in Deutschland (Tab. 8.4).

Die beiden Kraftwerkstypen „oben" in der Merit Order – d. h. diejenigen mit den höchsten variablen Kosten (= Kosten für die Produktion einer Kilowattstunde bei bestehendem Kraftwerk, also ohne Fixkosten für Bau und Betrieb) – waren also Erdgas und Steinkohle.

Nach der Funktionsweise des Marktes waren die variablen Kosten dieser beiden Kraftwerkstypen damit auch *preisbestimmend an der Strombörse* (EEX), und zwar etwa im Verhältnis ein Drittel Erdgas zu zwei Dritteln Steinkohle (entsprechend der Laufzeit von ca. 3000 Stunden für Erdgaskraftwerke).

Tab. 8.4 Merit Order der konventionellen Kraftwerke in Deutschland, 2000–2010 (in GW; gerundet)

Leistung (GW)	Kraftwerkstyp
15	Erdgas (ohne KWK)
25	Steinkohle (ohne KWK)
22	Braunkohle
15	KWK (Erdgas, Steinkohle)
20	Kernkraft
5	Wasser

KWK = Kraft-Wärme-Kopplung, d. h. gemeinsame Erzeugung von Strom und Wärme

Die EE-Anlagen PV und Wind haben variable Kosten von 0, das heißt, sie reihen sich *unten* in diese Merit Order ein und drängen damit jene Kraftwerke, die oben in der Merit Order stehen, sukzessive aus dem Markt: Es gibt immer weniger Stunden, in denen die Kraftwerke oben in der Merit Order zur Deckung des Verbrauchs in Deutschland gebraucht, d. h. tatsächlich eingesetzt werden. **Auf diese Weise werden in Deutschland damit zunächst die Gaskraftwerke (bis auf die in KWK betriebenen Heizkraftwerke) und dann die Steinkohlekraftwerke aus dem Markt gedrängt.**

Aus systemischer Sicht hat dieser unvermeidliche, d. h. mit der Energiewende in Verbindung mit der marktwirtschaftlichen Ordnung der Stromerzeugung automatisch einhergehende Effekt *zwei* wesentliche Konsequenzen:

- Die eine Konsequenz wurde bereits angesprochen: Die konventionellen Kraftwerke – insbesondere die Gas- und die Steinkohlekraftwerke – sind zunehmend weniger ausgelastet, was ihre Rentabilität infrage stellt.
Sofern diese Kraftwerke (in deutlich weniger Stunden als bisher, aber eben doch weiterhin) in einzelnen Stunden für die Versorgungssicherheit gebraucht werden, muss man – die Rahmenbedingung „Systemkonformität/Marktwirtschaft" vorausgesetzt – Marktregeln gestalten, die diese Rentabilität sicherstellen.
- Die zweite Konsequenz ist folgende: Wenn die bezüglich der variablen Kosten teuersten Kraftwerke sukzessive aus dem Markt gedrängt werden, sind sie zunehmend weniger preisbestimmend – mit der logischen Folge, dass der (Durchschnitts-)Strompreis an der Strombörse sinkt.

> **Mit anderen Worten:**
>
> Der Ausbau der EE führt notwendigerweise zu sinkenden Strompreisen an der Börse und damit – weil nach den aktuellen Marktregeln alle Kraftwerke (nur) über diese Preise ihr Geld verdienen – zu einer sinkenden Rentabilität für *alle* konventionellen Kraftwerke.
>
> Plastisch formuliert: Es ist unvermeidlich, dass im Zuge der Energiewende – jedenfalls im jetzigen Strommarktdesign – die Gewinne der Betreiber konventioneller Kraftwerke zurückgehen.

Systemische Folgen – Fazit

Fassen wir die wesentlichen Ergebnisse dieses Kapitels noch einmal zusammen:

Wenn man die drei Ziele der Energiewende verwirklichen, die vier zugrunde liegenden Motive erfüllen und dabei die drei zentralen Rahmenbedingungen – Versorgungssicherheit, möglichst weitgehende Begrenzung der volkswirtschaftlichen Kosten auf das unvermeidliche Maß, Erhaltung der marktwirtschaftlichen Ordnung in der Stromerzeugung – beachten will, so ist damit eine Reihe wesentlicher systemischer Folgen untrennbar verbunden, d. h., wesentliche Charakteristika der zukünftigen Energielandschaft in Deutschland sind damit festgelegt:

- **Neue Stromleitungen** in erheblichem Umfang, vor allem vom Norden in den Süden von Deutschland.
- Schaffung **zusätzlicher technischer Infrastruktur** in erheblichem Umfang zur Beherrschung der zeitlichen Schwankungen der Haupt-EE-Formen PV-Strom und

Wind(on)-Strom: konventionelle Kraftwerke (die dann nur während relativ weniger Stunden im Jahr laufen); Großspeicher, Kleinspeicher in Haushalten; Steuerungselemente zur Steuerung von stromverbrauchenden Anlagen/Geräten in der Wirtschaft und gegebenenfalls auch in Privathaushalten; zusätzliche Stromleitungen in zu den Nachbarländern zur Nutzung von Synergien mit deren Stromsystemen; neue Anlagen, die Strom in Energieformen umwandeln, welche dann für Raumwärme und für Verkehr zur Verfügung stehen (d. h. Nutzung von Synergien zwischen den verschiedenen Energiesektoren). Darüber liegt dann notwendigerweise eine digitale Infrastruktur, die das komplexe Zusammenspiel dieser verschiedenen Infrastruktur-Komponenten steuert.

- Dieser deutliche Mehrbedarf an technischer Energie-Infrastruktur wird dadurch begleitet, dass es sich hierbei nicht nur um einige wenige neue industrielle Großanlagen handelt, sondern um viele, evtl. sehr viele mittlere und kleinere Anlagen, die die **optisch wahrnehmbare, physische Präsenz der Energieinfrastruktur** deutlich erhöhen – und damit die Zahl der von dieser Infrastruktur unmittelbar betroffenen Bürger.
- Die Energiewende geht – aufgrund dieser Kleinteiligkeit, aber auch aufgrund des hohen Investitionsbedarfs – einher mit der wirtschaftsstrukturellen/gesellschaftlichen Entwicklung, dass nicht mehr nur wenige große Energieversorgungsunternehmen, sondern eine **Vielzahl unterschiedlicher Akteure** diese Infrastruktur baut, finanziert und betreibt; damit sind auch die **wirtschaftlichen Interessen und Betroffenheiten** in Bezug auf die Umsetzung der Energiewende auf eine Vielzahl von Unternehmen, Bürgern und Institutionen verteilt.

- Die Energiewende führt zu einer Verdrängung der bzgl. der variablen Kosten teuersten Kraftwerke – d. h. zunächst der Gaskraftwerke, dann der Steinkohlekraftwerke – aus dem Markt, damit zu **sinkenden Strompreisen an der Strombörse** und in der Folge zu einer Verschlechterung der Rentabilität bei den konventionellen Kraftwerken insgesamt. Weiterentwickelte Marktregeln sind auf längere Sicht nötig, um die sich sukzessive ändernde Funktion der konventionellen Kraftwerke angemessen abzubilden.

> **Fazit I**
>
> Die Energiewirtschaft in Deutschland wird mit der Energiewende also viel infrastruktur-intensiver, komplexer, kleinteiliger, kapitalintensiver und ist auf deutlich mehr Akteure verteilt als bisher.

Wir können heute mit großer Sicherheit davon ausgehen, dass ein solches Energiesystem *technisch* beherrscht werden kann. Die eigentliche Frage aber, die sich schon hier aufdrängt, ist die, wie ein solches System *politisch* gesteuert werden kann. Denn obwohl die oben genannten Konturen der zukünftigen Energielandschaft in Deutschland weitgehend feststehen: Im Detail wird es immer wieder mehrere technische Möglichkeiten innerhalb dieser Konturen, mehrere konkrete Optionen geben, wie die weitere Umsetzung der Energiewende gestaltet und insbesondere ein Markt für die Stromerzeugung geordnet/reguliert werden kann, der ja (und nicht etwa eine staatliche Behörde) weiterhin möglichst weitgehend die Entwicklungen lenken soll.

Der Umfang des Netzausbaus, Größe und Art von Speichern, Umfang und Art des verbleibenden konventionellen

Kraftwerkparks, Kleintechnologien versus Großtechnologien, dezentrale Elemente versus zentrale Elemente und vieles mehr: Die verfügbaren technischen Optionen werden sich unterscheiden hinsichtlich aktueller und zukünftiger Kosten, hinsichtlich des Grades der optischen Präsenz und der unmittelbaren Betroffenheit von Bürgern, hinsichtlich des Grades der Autarkie einzelner Regionen versus Abhängigkeit von größeren Einheiten. Kurz: Sie werden sich unterscheiden hinsichtlich einer Vielzahl von Interessen bei vielen unterschiedlichen Akteuren.

Fazit II

Politische Entscheidungen in diesem Zusammenhang werden notwendigerweise eine Vielzahl von Interessen berühren, werden notwendigerweise – jedenfalls subjektiv so empfunden – einigen Interessen eher entgegenkommen als anderen. Dies alles in einem demokratischen Prozess zu gestalten, und zwar in einer Weise, dass der notwendige Grundkonsens bezüglich der Energiewende nicht gefährdet wird – dies ist, so der letzte Gedanke zu den systemischen Folgen der Energiewende, wohl die wichtigste Herausforderung für die deutsche Gesellschaft im Rahmen des Großprojektes „Energiewende".

Zweiter Teil

Energiewende – wo stehen wir heute?

Der Status quo 2015

9
Einführung

Aufgabe des zweiten Teils dieses Buches ist es, einen Überblick zu geben über den Status quo der Energiewende im Jahr 2015 – also etwa fünf Jahre nach ihrem „offiziellen" Beginn und 15 Jahre, nachdem sich der Ausbau der erneuerbaren Energien (EE) in Deutschland faktisch durch die Einführung des EEG deutlich beschleunigt hat und die erste Vereinbarung zur Abschaltung der Kernkraftwerke geschlossen wurde.

Die im Folgenden zu beantwortenden Fragen lauten also:

- Wurden die **Ziele** der Energiewende – genauer: die gemäß des zugrunde liegenden Szenarios (Leitstudie 2011, Szenario 2011A) zu erreichenden Meilensteine auf dem Weg zum anvisierten Zielzustand im Jahr 2050 – bisher erreicht?

- Wurden die der Energiewende zugrunde liegenden **Motive** mit dem bisher zurückgelegten Pfad konzeptionsgemäß befördert?
- Wurden die der deutschen Energiepolitik zugrunde liegenden **Rahmenbedingungen** eingehalten?
- Wo stehen wir bezüglich der **systemischen Folgen** der Energiewende?

Bevor wir diese vier Fragen der Reihe nach angehen, einige Anmerkungen vorweg:

1. Gemäß dem Fokus dieses Buches werden wir uns bei der Beantwortung dieser Fragen auf den „Stromteil" der Energiewende beschränken, d. h. den Wärmesektor und den Verkehrssektor nicht behandeln.
   In diesem Zusammenhang soll nur angemerkt sein, dass von den meisten Experten – im Kern zu Recht – beklagt wird, dass sich die politische und gesellschaftliche Aufmerksamkeit bzgl. der Energiewende zu stark auf den Stromsektor konzentriere und damit notwendige Entwicklungen bei Wärme und Verkehr vernachlässigt würden. Plakativ gesprochen: Die Energiewende in Deutschland war in den letzten Jahren – d. h. in den ersten offiziellen Jahren dieses Projektes – im Wesentlichen (nur) eine „Stromwende".
   (Der Anteil der EE im Wärmesektor stagniert seit 2011 bei ca. 12-13 %, der Anteil der EE im Verkehrssektor stagniert seit 2011 bei ca. 5-6 %).
2. Die Energiewende ist ein politisch-gesellschaftliches Projekt mit einer Laufzeit von 40–50 Jahren (2000/2010 bis 2050); von dieser Laufzeit sind je nach Betrachtungsweise erst 10–30 % verstrichen. Angesichts dieser Tatsache, der Tatsache also, dass *Deutschland nüchtern betrachtet erst in*

der Anfangsphase der Energiewende steht, könnte man gegen das in diesem zweiten Teil des Buches ins Auge gefasste „Zwischenfazit" folgenden Einwand erheben: In einem so frühen Stadium eines Vorhabens ist ein „Zwischenfazit" gar nicht sinnvoll möglich bzw. hat in jedem Fall nur eine sehr begrenzte Aussagekraft.

Dieser Einwand ist in der Tat ernst zu nehmen: Egal wie die oben aufgeführten Fragen im Einzelnen beantwortet werden, *eine Bewertung des Gesamtprojektes „Energiewende" auf dieser Basis ist auf keinen Fall möglich* – es sei denn, es hätte sich in der relativ kurzen Anfangszeit ein Aspekt gezeigt, der gesichert auf eine technologische oder wirtschaftliche Unmöglichkeit des Projektes schließen ließe. Dies ist jedoch eindeutig nicht der Fall.

Konkret bedeutet das: Die (teilweise durchaus namhaften) Meinungen, die jetzt schon von einem Scheitern oder jedenfalls von einem absehbaren Scheitern der Energiewende sprechen, sind nicht valide begründet.

Umgekehrt können diejenigen, die die bisherige Umsetzung der Energiewende positiv beurteilen, allein daraus nicht auf den Erfolg des Gesamtprojektes schließen: zweifellos liegt der größere Teil der Herausforderungen noch vor uns.

3. Wenn wir dennoch der Frage „Energiewende – wo stehen wir heute?" in diesem Buch breiten Raum geben, so geschieht dies vor allem aus zwei Gründen:
   – Eine Analyse der bisherigen Umsetzung der Energiewende ist lehrreich: Wir werden im Laufe dieses zweiten Teiles sehen, dass trotz der relativ kurzen bisherigen Laufzeit des Gesamtprojektes die im ersten Teil dargestellten systemischen Folgen (einschließlich der damit einhergehenden unvermeidlichen Diskussionsprozesse

in Politik und Gesellschaft) schon recht deutlich sichtbar und spürbar sind.

Anders gesagt: Ein Blick auf die aktuelle Situation verdeutlicht bereits überraschend klar, welche strukturellen Herausforderungen in Bezug auf die Hierarchie energiepolitischer Motive, auf die Einhaltung von Rahmenbedingungen und auf die Wahl konkreter Pfade innerhalb der Fülle konkreter Möglichkeiten zur Umsetzung der Energiewende in den nächsten 35 Jahren bis 2050 zu lösen sind.

- In der öffentlichen Gesamtdiskussion rund um die Energiewende nimmt die Frage, ob die bisherige Umsetzung erfolgreich war oder nicht, ebenfalls breiten Raum ein und wird sehr kontrovers diskutiert. Wir werden also sehen, dass die Antworten auf die vier gestellten Fragen teilweise durchaus strittig sind – und daraus erwachsen, eigentlich unberechtigterweise, unterschiedliche Haltungen zur Energiewende insgesamt. Es wird daher gerade auch in diesem Teil darum gehen, Transparenz zu schaffen und die relevanten Fakten aufzuführen, um so ein gesichertes Bild zu ermöglichen.

10

Status quo 2015 – Ziele

Die einfachste Frage in diesem Teil ist die nach dem Status quo bezüglich der drei Ziele der Energiewende, so wie wir sie im ersten Teil beschrieben haben. Sie lässt sich im Kern anhand von objektiven Daten beantworten.

Ziel 1: Abschaltung der Kernkraftwerke

Die sukzessive Abschaltung der verbliebenen, aktuell noch laufenden acht Kernkraftwerke ist zeitlich fest geplant, und bisher wird dieser Pfad eingehalten. Der letzte Meilenstein wurde im Juni 2015 mit der Abschaltung des KKW Grafenrheinfeld in Bayern erreicht (sogar ein halbes Jahr früher als geplant; Tab. 10.1).

Tab. 10.1 Kernkraftwerke in Deutschland 2015

	Plan 2015	Ist 2015
Leistung der Kraftwerke (GW)	11	11
Zahl der Kraftwerke	8	8

Tab. 10.2 Erneuerbare Energien in Deutschland bei der Stromerzeugung 2015

	Plan 2015	Ist 2015
EE-Leistung (GW)	ca. 90	97
EE-Strommenge (TWh)	ca. 170	195

Ziel 2: Ausbau der erneuerbaren Energien

Der geplante „EE-Ausbaupfad" wird in Summe eindeutig eingehalten, ja übertroffen (Tab. 10.2).

Ziel 3: Steigerung der Energieeffizienz

Die Stromeffizienz (BIP/Bruttostromverbrauch) lag im Jahr 2015 um ca. 8 % höher als im Jahr 2010. Diese Verbesserung entspricht genau der angestrebten Steigerungsrate von 1,6 % pro Jahr (Tab. 10.3).

Dies ist aus unserer Sicht besonders wichtig, da insgesamt das Thema Energieeffizienz zur Nachhaltigkeit wie auch zu den Kosten der Energiewende erheblich positiv beiträgt.

Tab. 10.3 Stromeffizienz in Deutschland (= BIP/Bruttostromverbrauch) 2015 (in €/kWh)

	2010	**Plan 2015**	**Ist 2015**
Stromeffizienz	4,3	4,6	4,6

BIP in Preisen von 2010; 2010 = Durchschnittswert der Jahre 2009–2011

11
Status quo 2015 – Motive

Die Frage nach dem Status quo der vier Motive der Energiewende lässt sich zwar nicht ausschließlich auf Faktenbasis, aber doch auch recht klar beantworten.

Motiv 1: Senkung der CO_2-Emissionen

Dieser Punkt soll ausführlich dargestellt werden. Zum einen handelt es sich hier ja um das zentrale Motiv der Energiewende. Daher ist die Entwicklung der CO_2-Emissionen in Deutschland letztlich der wichtigste Gradmesser des Erfolges der Energiewende – bzw. ist *die Entwicklung der strombedingten CO_2-Emissionen der wichtigste Gradmesser des Erfolges der Stromwende* (d. h. des in diesem Buch diskutierten „Stromteils" der Energiewende).

Zum anderen (und auch deshalb) hat es gerade um diesen Punkt in den letzten ein, zwei Jahren intensive öffentliche Diskussionen gegeben – mit einer Reihe von Missverständnissen und falschen Argumenten.

Die Fakten

Hier gibt es zweifellos eine nicht große, aber doch merkliche Abweichung der Ist-Situation von der Planung (Tab. 11.1).

Die Erklärung dafür liegt in der nicht ganz planmäßigen Entwicklung des Stromerzeugungs-Mix (Tab. 11.2).

Tab. 11.1 CO_2-Emissionen aus der Stromerzeugung in Deutschland (ohne Stromexporte) (in Mio.t)

	Plan 2015	Ist 2015
CO_2-Emissionen	260	270

Planwert = Szenario 2011 A, angepasst auf die Berechnungsmethode des UBA

Tab. 11.2 Stromerzeugung in Deutschland 2015 (ohne Stromexporte) (in TWh)

	Plan 2015	Ist 2015
Kernenergie	90	90
Kohle	200	225
Erdgas	95	60
EE	170	195
Sonstige	30	30
Gesamt	**585**	**600**

Planwerte = Szenario 2011 A, gerundet

Diese Gegenüberstellung lässt drei Aussagen zu:

- Die Abschaltung der Kernkraftwerke verläuft planmäßig.
- Der Ausbau der EE verläuft schneller als geplant.
- Eine wesentliche Abweichung zwischen Plan und Ist liegt im Verhältnis von Kohlestrom zu Erdgasstrom innerhalb der fossilen Energien: ca. 25 TWh Strom werden durch Kohle im Ist statt durch Gas im Plan erzeugt.

Dies hat die o. g. Auswirkungen auf die CO_2-Emissionen: Planmäßig müssten (jeweils ohne Stromexporte) die CO_2-Emissionen aus der Stromerzeugung im Jahr 2015 ca. 40 Mio.t unter denen des Jahres 2010 liegen. Tatsächlich liegen sie aber nur etwa 30 Mio.t niedriger, d. h. sie sind ca. 10 Mio.t höher als geplant. Dies liegt praktisch ausschließlich an der nicht planmäßigen Entwicklung von Kohlestrom im Verhältnis zu Erdgasstrom.

Die Bewertung

1. Was ist der Grund für die durchaus signifikante Abweichung der realen Entwicklung des deutschen Strommix gegenüber der Planung?
Der Grund ist sehr einfach. Der Einsatz der konventionellen Kraftwerke im Markt bestimmt sich nach der sogenannten „Merit Order", d. h. im Kern nach den variablen Kosten jedes Kraftwerks: je niedriger diese variablen Kosten, desto häufiger wird das Kraftwerk eingesetzt. Dieser Zusammenhang ist eine unmittelbare Folge der Rahmenbedingung, dass die Stromerzeugung in Deutschland marktwirtschaftlich organisiert ist. Die variablen Kosten wiederum werden im Wesentlichen durch die drei Parameter Brennstoffkos-

ten, Wirkungsgrad und Kosten für CO_2-Zertifikate bestimmt. Bei den Marktverhältnissen der letzten Jahre hatten selbst alte Steinkohlekraftwerke (mit schlechtem Wirkungsgrad) deutlich günstigere variable Kosten als sehr moderne Gaskraftwerke; folglich wurden sie bevorzugt eingesetzt. Dieser Effekt ergibt sich ausschließlich aus dem Verhältnis der Weltmarktpreise für Steinkohle und der europäischen Preise für Erdgas und CO_2-Zertifikate.

Anders gesagt: Die zunehmenden Strommengen aus EE verdrängen zuerst den Strom aus (Kondensations-)Gaskraftwerken, dann erst den Strom aus Steinkohlekraftwerken (vgl. Kap. 8, Abschn. „Folgen für den konventionellen Kraftwerkspark und für die etablierte Energiewirtschaft"). *Dies war im Kern vorhersehbar.* Etwas plakativer formuliert: Die Planabweichung ist eigentlich kein Fehler bei der Umsetzung der Energiewende, sondern ein Fehler bei der Planung.

2. Wie ist dies jetzt in Bezug auf die Zukunft zu beurteilen? Droht die Gefahr, dass das Motiv „Senkung der CO_2-Emissionen" dauerhaft verfehlt wird? Die Antwort lautet: Nein. Die Schere zwischen geplantem Rückgang und tatsächlichem Rückgang der CO_2-Emissionen wird sich nicht weiter öffnen (d. h. verbleibt bei ca. 10 Mio.t), einfach weil ab jetzt weiter steigende EE-Strommengen den Steinkohlestrom verdrängen: Die verbleibenden 60 TWh Strom aus Gaskraftwerken stammen zum größten Teil aus *Heizkraftwerken* (KWK) und werden daher weitgehend unabhängig von der Merit Order produziert. Die Schere wird sich aus heutiger Sicht sogar wieder ein Stück weit schließen, weil im Zuge des geplanten Ausbaus der KWK die Gas-Strommengen voraussichtlich wieder auf 70–80 TWh pro Jahr

zunehmen werden und entsprechend Kohlestrom verdrängen.
3. Langfristig – etwa mit Blick auf das Zieljahr 2050 – beläuft sich daher die dauerhafte Verschiebung zwischen Kohle und Erdgas voraussichtlich auf maximal ca. 20 TWh; im Endeffekt würde dann der CO_2-Ausstoß der Stromerzeugung von ca. 300 Mio.t im Jahr 2010 nicht auf 20 Mio.t (wie im Szenario 2011 A geplant), sondern auf 25–30 Mio.t sinken, was aber immer noch eine Reduktion von deutlich über 80 % bedeuten würde.

Fazit aus diesen Überlegungen

– Die Tatsache, dass die CO_2-Emissionen der Stromerzeugung in Deutschland seit 2010 nicht ganz so deutlich gesunken sind wie geplant, ist kein Argument dafür, dass die Energiewende bisher „nicht funktioniert" (oder gar, dass sie schon gescheitert wäre); der Grund dafür liegt in internationalen Preisentwicklungen, die unabhängig von der Energiewende sind.
– Es gibt insbesondere aktuell keinen Grund, daran zu zweifeln, dass die Energiewende das wichtigste ihrer zugrunde liegenden Motive, die Senkung der CO_2-Emissionen, langfristig erfüllen wird.

Letzte Bemerkungen zu diesem Punkt

1. Für Verwirrung in diesem Zusammenhang sorgt folgender Effekt: Da die deutschen fossilen Kraftwerke – vor allem die Steinkohlekraftwerke – bei der Inlandsnachfrage nach Strom durch die steigenden EE-Strommengen zunehmend weniger ausgelastet, gleichzeitig aber im Vergleich zu

Tab. 11.3 CO_2-Emissionen aus der Stromerzeugung, offizielle Statistik des UBA (in Mio.t)

	2000	2010	2015
CO_2-Emissionen	327	315	312

ähnlichen Kraftwerken im benachbarten Ausland durchaus wettbewerbsfähig sind, produzieren sie zunehmend Strom für den Export (verdrängen also Strom aus ausländischen Kraftwerken). In den meisten offiziellen Statistiken bezüglich der CO_2-Emissionen wird nicht unterschieden zwischen den *CO_2-Emissionen aufgrund inländischer Stromnachfrage* und *CO_2-Emissionen aufgrund von Stromexporten* – obwohl letztere in ähnlichem Umfang zur Senkung der CO_2-Emissionen im Ausland führen (Tab. 11.3).
Wenn man nur diese Statistik anschaut – wie es nicht selten der Fall ist –, kommt man zu dem Schluss, dass die Energiewende bzgl. ihres wichtigsten Motivs regelrecht ein Flop ist, weil sich gegenüber 2000/2010 praktisch nichts getan hat. Aber dieser Schluss ist natürlich falsch. Aus diesem Grund sind die entsprechenden Zahlen in diesem Buch exportbereinigt aufgeführt (vgl. Tab. 11.4).

Tab. 11.4 CO_2-Emissionen aus der Stromerzeugung, Aufschlüsselung (in Mio.t)

	2000	2010	2015
CO2-Emissionen (offiziell)	327	315	312
Davon aus inländischem Stromverbrauch	327	305	270
Davon aus Stromexporten	0	10	42

Im Extremfall könnte es auch längerfristig so sein, dass die Energiewende faktisch ein voller Erfolg ist, weil die CO_2-Emissionen aus der inländischen Stromnachfrage tatsächlich planmäßig und deutlich sinken, dass aber *nominal* (d. h. im Sinne der offiziellen Statistik) die „strombedingten CO_2-Emissionen in Deutschland" lange Zeit überhaupt nicht zurückgehen – weil große Teile des bestehenden fossilen Kraftwerkparks mit entsprechenden CO_2-Emissionen nur für das benachbarte Ausland produzieren.

2. Die gegenwärtige Haltung der Bundesregierung, jenseits dieser Zusammenhänge das angepeilte CO_2-Ziel für das Jahr 2020 um jeden Preis zu halten, ist nicht sinnvoll. Es ist eben nicht sinnvoll, die gut 40 Mio.t CO_2, die 2015 für den aus Deutschland exportierten Strom in Deutschland emittiert wurden, überhaupt bei der Beurteilung der Zielerreichung zu berücksichtigen.

Generell aber muss man trennen zwischen beeinflussbaren und nicht beeinflussbaren Effekten bzw. zwischen kurzfristigen Fluktuationen von Parametern wie Wetter, Konjunktur, Brennstoffpreisen etc. und langfristigen Strukturveränderungen.

3. Interessanterweise gibt es in den USA das umgekehrte Phänomen: Aufgrund des sehr preiswerten Erdgases (bedingt durch die Fracking-Technologie) hat dort in den letzten Jahren Strom aus Gaskraftwerken den Strom aus Steinkohlekraftwerken verdrängt; und dadurch sind die CO_2-Emissionen aus der US-Stromerzeugung deutlich gesunken. Und genauso, wie es falsch wäre, den eingangs beschriebenen Effekt in Deutschland der Energiewende anzulasten, wäre es falsch, dieses Sinken der CO_2-Emissionen in den USA einer ambitionierten amerikanischen Klimapolitik zuzuschreiben.

Das europäische CO_2-Handelssystem (ETS)

Es gibt bezüglich des Motivs der Energiewende „Senkung der CO_2-Emissionen" freilich ein weiteres gewichtiges und von dem bisher Gesagten unabhängiges Argument gegen die (Wirksamkeit der) Energiewende. Es lautet wie folgt: Die deutsche Energiewende und insbesondere der Ausbau der EE in Deutschland hat ganz grundsätzlich ohnehin keinerlei Auswirkungen auf die CO_2-Emissionen in Europa und damit in der Welt, weil über den Mechanismus des europäischen CO_2-Handelssystems (ETS, **E**missions **T**rading **S**ystem) jede *in Deutschland* bei der Stromerzeugung eingesparte Tonne CO_2 *in einem anderen ETS-Land* zusätzlich emittiert wird.

Träfe dieses Argument zu, wäre der Energiewende – jedenfalls im Stromsektor – tatsächlich zu großen Teilen der Boden und Sinn entzogen und man müsste die erheblichen finanziellen wie gesellschaftlichen Anstrengungen für dieses Projekt sehr ernsthaft infrage stellen.

Was ist also von diesem Argument zu halten?

1. Der Mechanismus des ETS ist zunächst korrekt beschrieben: Für jede Handelsperiode – die aktuelle Periode läuft von 2013 bis 2020 – werden fixe Obergrenzen für die CO_2-Emissionen wichtiger Wirtschaftsbereiche (u. a. der Stromerzeugung) der am ETS teilnehmenden Länder in Summe festgelegt; und man kann davon ausgehen, dass diese Summe auch ausgeschöpft wird. Folglich ist es in der Tat so, dass jede in Deutschland eingesparte Tonne CO_2 in der Stromerzeugung in einem anderen ETS-Land zu einer entsprechenden Anhebung der CO_2-Emissionen führt. Mit anderen Worten: Wenn die Gesamtsumme an CO_2-Emissionen nicht innerhalb der Handelsperiode abgesenkt wird

(ein Punkt, über den allerdings immer wieder in Brüssel heftig gestritten wird), hat die deutsche CO_2-Politik und die deutsche Energiewende *innerhalb dieser Handelsperiode* (also bis 2020) tatsächlich dort *keinen CO_2-Effekt*, wo es zählt, nämlich auf europäischer bzw. globaler Ebene.
2. Allerdings ist dies kein Argument gegen die Energiewende, die darauf ausgerichtet ist, die CO_2-Emissionen der deutschen Stromerzeugung *langfristig* drastisch zu senken (> 80 % bis 2050).
Konkreter gesprochen: Schon für die nächste Handelsperiode ab 2020 wird jedes halbwegs vernünftige Vorgehen bzgl. der Festlegung der *neuen Obergrenze* natürlich den Ausbau der EE in Deutschland berücksichtigen, d. h. die Obergrenze um eben jenen Beitrag absenken, den die EE-Anlagen in Deutschland in dieser Periode voraussichtlich an CO_2 vermeiden (und entsprechend mit den Entwicklungen in anderen Ländern verfahren). Mit anderen Worten: Längerfristig gedacht, schlägt sich die deutsche CO_2-Einsparung (bis auf kleinere Effekte) sehr wohl eins zu eins auch in der europäischen und damit in der weltweiten CO_2-Bilanz nieder.
3. Das Argument ist also im Kern falsch. Nichtsdestoweniger weist es aber auf einen wichtigen Punkt hin: Nicht ausschließlich, aber auch aufgrund des ETS muss jede vernünftige deutsche Energiewende-Politik den europäischen Kontext nicht nur berücksichtigen, sondern aktiv mit einbeziehen. Wir werden darauf noch zurückkommen.

Motiv 2: Ausstieg aus der Kernenergie

Wie dargelegt, wird der Ausstiegspfad bis jetzt planmäßig beschritten. In diesen Kontext gehört auch, dass nun eine systematische Suche nach einem Endlager für die atomaren Abfälle eingeleitet wurde und dass die Arbeit am erforderlichen Abbau der stillgelegten Kernkraftwerke voranschreitet.

Wenigstens kurz soll jedoch auch erwähnt werden, dass in den letzten Jahren – nicht unbedingt zum ersten Mal, aber doch mit erhöhter Intensität – Folgendes deutlich geworden ist: Bei den erwähnten zentralen Themen Rückbau der KKW, Endlagersuche und Endlagerbau wird es sowohl bezüglich der Technik und der Standorte als auch bezüglich der Kosten sowie vor allem bezüglich der *Verteilung der Kosten* auf volkswirtschaftliche Akteure noch sehr schwierige, aufwändige und zum Teil auch schmerzhafte Diskussionen in den nächsten Jahren und Jahrzehnten geben.

Klar ist freilich: Auch ohne Energiewende – also zum Beispiel bei einem Betrieb aller im Jahr 2010 am Netz befindlichen deutschen Kernkraftwerke bis zu ihrem jeweiligen technischen Lebensdauerende – müssten diese Diskussionen geführt und entschieden werden. Die Energiewende führt nur zu einem Vorverlegen der Debatte um ein paar Jahrzehnte.

Motiv 3: Senkung der Abhängigkeit von fossilen Energieträgern

Da wir in diesem Buch die Energiewende bezüglich Strom diskutieren, geht es im Folgenden nur um die Frage, ob die Senkung der Importe von Steinkohle und Erdgas zur Stromerzeugung planmäßig verläuft; Erdöl spielt im Stromsektor praktisch keine Rolle.

Die Fakten

Tab. 11.5 Stromerzeugung aus fossilen Kraftwerken (ohne Exporte) (in TWh)

	2010	Plan 2015	Ist 2015
Erdgas	90	95	60
Steinkohle	100	80	70
(Braunkohle	145	120	155)
Gesamt Erdgas, Steinkohle	**190**	**175**	**130**

Die Bewertung

Nimmt man Erdgas und Steinkohle als importierte fossile Brennstoffe zusammen, so geht deren Stromproduktion sogar stärker als geplant zurück (Tab. 11.5) – gegenüber 2010 um immerhin mehr als 30 % –, mit der bereits diskutierten Verschiebung zwischen Erdgas und Steinkohle.

Diese Verschiebung ist im Sinne des zugrunde liegenden Motivs sogar zu begrüßen, denn die Abhängigkeit Deutschlands von Erdgas (d. h. vor allem von Russland, Norwegen) ist auf längere Sicht eher kritischer zu beurteilen als diejenige von Steinkohle (eine Vielzahl von Lieferländern, u. a. Südamerika, Australien). Auffällig ist der ungeplante, moderate Anstieg der Braunkohle seit 2010, der im Hinblick auf das hier behandelte Motiv zu begrüßen (heimischer Energieträger), aus CO_2-Gesichtspunkten dagegen kritisch zu beurteilen ist.

Wie bereits besprochen, haben diese aktuellen Verschiebungen innerhalb der fossilen Brennstoffe und insbesondere innerhalb der entsprechenden Importe keine langfristige Relevanz; sie spielen sich innerhalb des Korridors ab, den man der

Energiewende bei der konkreten Umsetzung sinnvollerweise gewähren muss.

Motiv 4: Förderung von Innovationen/ Exportchancen der deutschen Wirtschaft

Bezüglich dieses Motivs wollen wir uns sehr kurz fassen, denn erstens handelt es sich nicht um einen zentralen Punkt und zweitens ist hier eine objektive Bewertung wirklich schwierig: Die Frage lautet ja, wie die Situation in der deutschen Wirtschaft ohne Energiewende diesbezüglich ausgesehen hätte, und dies ist zweifellos von einer Vielzahl verschiedener Faktoren abhängig (und daher methodisch im Rahmen dieses Buches nicht sauber zu beantworten).

Daher nur zwei kurze Bemerkungen:

- Die meisten Experten haben sich in den letzten Jahren relativ kritisch zu diesem Punkt geäußert. Sie bezweifeln einen (signifikanten) Einfluss der bisherigen Energiewende auf die Innovationskraft oder das Exportvolumen der deutschen Wirtschaft; und ihre Argumente scheinen immerhin nachvollziehbar.
- Unstrittig dürfte Folgendes sein: Es wäre klug gewesen, spätestens ab ca. 2010 einen größeren Teil der erheblichen finanziellen Mittel und volkswirtschaftlichen Anstrengungen, die in die Energiewende geflossen sind (vgl. dritten Teil des Buches), statt für den Aufbau weiterer EE-Anlagen besser für Forschung und Entwicklung im Energiesektor zu verwenden mit dem Ziel, das Motiv „Förderung von Innovationen/Exportchancen" stärker zu befördern.

In jüngster Zeit mehren sich allerdings Stimmen, die diesen Aspekt für die Zukunft deutlich positiver beurteilen: Hochmodernen Windanlagen (onshore und offshore) und insbesondere den Technologien zur intelligenten Steuerung eines Energiesystems mit signifikanten Anteilen von EE-Anlagen, die voraussichtlich in den nächsten Jahren und verstärkt im nächsten Jahrzehnt in Deutschland entwickelt und eingesetzt werden, werden gute Exportchancen eingeräumt.

12

Status quo 2015 – Rahmenbedingungen

Aufgabe dieses Kapitels ist es, zu analysieren, inwieweit die drei wichtigsten langfristigen energiepolitischen Grundsätze – Versorgungssicherheit, Wirtschaftlichkeit/Kosteneffizienz und Systemkonformität/marktwirtschaftliche Ordnung – inwieweit also diese Rahmenbedingungen der Energiewende bisher eingehalten worden sind.

Bevor wir diese drei Rahmenbedingungen der Reihe nach behandeln, soll darauf hingewiesen werden, dass alle drei Aspekte in den letzten Jahren Anlass zu intensiven Diskussionen in Politik und Gesellschaft gegeben haben. Insbesondere das Thema Kosten der Energiewende stand und steht im Mittelpunkt vieler Artikel und Debatten, zugleich natürlich auch im Zentrum vieler politischer Überlegungen und Entscheidungen. Es ist wohl kaum übertrieben zu sagen, dass die *Begrenzung der Kosten seit 2013 die wichtigste Leitlinie der Energiewende-Politik der Bundesregierung ist*.

Aber auch zum Beispiel das Buch „Black-Out" von M. Elsberg zum Thema Versorgungssicherheit in Deutschland hat erhebliche öffentliche Aufmerksamkeit erfahren, und die Frage der Systemkonformität war – oft allerdings unbemerkt oder unausgesprochen – von großer Bedeutung bei der Diskussion um die „Stromtrassen" von Norddeutschland nach Bayern.

Rahmenbedingung 1: Versorgungssicherheit

Das Thema Versorgungssicherheit ist inhaltlich der am einfachsten zu behandelnde Aspekt in diesem Kapitel. Wir haben im ersten Teil des Buches gesagt, dass sie im Wesentlichen mit nur einem objektiv messbaren Wert beurteilbar ist: mit der Dauer der jährlichen Stromunterbrechungen für jeden Stromanschluss im statistischen Mittel.

Fakt ist: Dieser Wert ist in den letzten Jahren *nicht gestiegen, sondern gesunken* (Tab. 12.1). Mit anderen Worten: Die Versorgungssicherheit ist – bisher – durch die Energiewende nicht beeinträchtigt worden.

Kundige Leser – und vielleicht auch Mitarbeiter der für die Versorgungssicherheit in Deutschland primär verantwortlichen vier Übertragungsnetzbetreiber – werden einwenden:

Tab. 12.1 Versorgungssicherheit in Deutschland (in Minuten durchschnittlicher Stromausfall)

	2006	2010	2014
Stromausfall (min)	21,5	14,9	12,3

Die Zahl der „kritischen Situationen" in den Stromnetzen und die Zahl der notwendigen Eingriffe der Netzbetreiber in den normalen Betrieb der Stromversorgung sind in den letzten Jahren sprunghaft gestiegen. Und damit, so der Einwand, sei die Versorgungssicherheit deutlich stärker gefährdet als noch vor fünf oder gar zehn Jahren.

Ist dieser Einwand gerechtfertigt? Nun, die Beschreibung der Situation in den deutschen Stromnetzen ist richtig: Es ist heute viel schwieriger, komplexer und aufwändiger, die Versorgungssicherheit aufrechtzuerhalten, als dies vor fünf oder zehn Jahren der Fall war.

Richtig ist aber auch: es gelingt trotzdem. Ganz offenbar haben die Netzbetreiber – insbesondere die Übertragungsnetzbetreiber – und auch die zuständige Behörde, die BNA, schnell und gut gelernt, mit den neuen Herausforderungen (die vor allem mit den zunehmenden Fluktuationen in der Stromerzeugung durch den wachsenden Anteil der EE zusammenhängen) umzugehen und sie zu meistern.

An dieser Stelle folgende Analogie: Es ist heute auch sehr viel herausfordernder als vor zehn Jahren, die Flugsicherheit im deutschen Luftraum aufrechtzuerhalten, einfach aufgrund der sprunghaft gestiegenen Anzahl der Flugbewegungen, aber es gelingt trotzdem.

Natürlich bleibt ein Restrisiko – wie bisher auch schon –, dass durch ein besonderes Ereignis in einem Jahr x der langjährige Durchschnitt bezüglich der Stromunterbrechungen deutlich überschritten wird; und man kann sicher auch argumentieren, dieses Restrisiko sei durch die Energiewende gestiegen. Aber dass die Versorgungssicherheit ein grundsätzliches, nicht zu beherrschendes Problem der Energiewende darstellt, dafür gibt es derzeit keine belastbaren Argumente.

Und hinzuzufügen wäre: Schon jetzt wird auf Fachkonferenzen – sozusagen mit deutscher Gründlichkeit bereits 15 Jahre im Voraus – intensiv der Frage nachgegangen, wie man die Herausforderungen bezüglich der Versorgungssicherheit im Jahr 2030 und danach (die die aktuellen noch einmal deutlich übersteigen werden) lösen kann.

> **Fazit**
>
> Die Rahmenbedingung Versorgungssicherheit wird bisher erfüllt. Und es spricht wenig dafür, dass sich das in absehbarer Zeit ändern könnte.

Rahmenbedingung 2: Wirtschaftlichkeit/Kosteneffizienz

Es ist bereits in der Einleitung zu diesem Kapitel deutlich geworden, dass wir jetzt zu einem zentralen Punkt dieses Buches kommen: Die Frage nach den Kosten der Energiewende ist seit einiger Zeit die kritischste Frage an die Energiewende – gestellt von Bürgern, Unternehmen, Wissenschaftlern, Gewerkschaften, Vertretern der Energiewirtschaft und anderen.

Vorbemerkungen

Beginnen wir mit einigen allgemeineren Beobachtungen:

1. Offensichtlich ist, dass die Energiewende in Deutschland im Jahr 2016 konkret vor allem an *zwei Dingen spürbar* ist:
   - Sie ist optisch unübersehbar aufgrund der Präsenz der EE-Anlagen in vielen Teilen Deutschlands.

- Und sie ist in nahezu jeder Stromrechnung enthalten, ob an Unternehmen oder an Privathaushalte, und das vor allem in Form der sogenannten EEG-Umlage. Das heißt, sie ist finanziell spürbar.
2. Ohne Zweifel hat die Politik hier jahrelang einen Kardinalfehler begangen: Die Energiewende wurde in ihren Zielen und Motiven beschrieben und in positiven Farben ausgemalt, aber niemand sprach über die Kosten dieses großen gesellschaftlichen Projektes. Oder noch schlimmer: Wenn es um Kosten ging, so wurden sie dramatisch falsch – nämlich viel zu niedrig – prognostiziert. (Wir werden in diesem Buch nicht der naheliegenden Frage nachgehen, warum dies so geschah, ob unbewusst oder bewusst, inwieweit es vermeidbar gewesen wäre etc.).
Dieser Kardinalfehler wird mittlerweile zwar zum Teil korrigiert: „Die Energiewende ist nicht zum Nulltarif zu haben", lautet seit einiger Zeit die Standardformulierung. Aber von einem offenen, transparenten Umgang mit dieser Frage ist die Politik, pauschal gesprochen, noch relativ weit entfernt.
3. Nicht nur in der Kommunikation bezüglich der Energiewende, auch in der Energiewende-Politik selbst haben die Kosten lange Zeit (bis etwa 2013) keine wirklich bedeutende Rolle gespielt. Dies hat sich erst geändert, als die EEG-Umlage binnen weniger Jahre von einem zu vernachlässigenden Betrag zu einer spürbaren Größe auf den Stromrechnungen geworden ist und entsprechende Reaktionen bei den betroffenen Verbrauchern und ihren Verbänden hervorgerufen hat.
Auch hier hat die Bundesregierung reagiert und die Kosten durchaus jetzt in den Mittelpunkt ihrer Energiewende-Politik gestellt. Was 2013 mit dem Schlagwort „Strompreisbremse" begann, durchzieht jetzt als (nicht immer ausge-

sprochenes) Motto: „So kann es mit den Kosten/mit dem Kostenanstieg bei der Energiewende nicht weitergehen!", oder: „Die Begrenzung der Kosten ist oberstes Gebot!", alle Debatten rund um die aktuellen Energiewende-Entwicklungen und -Gesetzesvorhaben.

Wir werden jedoch in diesem Abschnitt die Frage beantworten müssen, welche Folgen die jahrelange Vernachlässigung der Kostenaspekte bisher gehabt hat.

4. Diese Frage nach den volkswirtschaftlichen Kosten wird zu erheblichen Teilen auch das Urteil anderer Länder über die deutsche Energiewende bestimmen – was wiederum zurückwirkt auf die Motive der Energiewende selbst: Einen signifikanten Einfluss auf die Zukunft der CO_2-Emissionen in der Welt wird die deutsche Energiewende ja nur dann haben, wenn sie – jedenfalls in wichtigen Aspekten – in anderen Ländern Nachahmer findet; d. h. wenn sie *sich nicht nur als technologisch machbar, sondern auch als volkswirtschaftlich finanzierbar* erweist.

Klarstellungen

Von zentraler Bedeutung in der Debatte um die Kosten der Energiewende sind zwei Begriffsklärungen bzw. Begriffsdifferenzierungen.

Erste Klarstellung:

Wenn von den Kosten der Energiewende die Rede ist – meinen wir dann die Kosten für die Volkswirtschaft *insgesamt* oder die Kosten für *einzelne Akteure* wie Privathaushalte oder Unternehmen?

Dies sind in der Tat zwei sehr unterschiedliche Betrachtungsweisen, die zu ganz unterschiedlichen Schlüssen führen können: Wenn die Energiewende im Jahr 2015 ca. 20 Mrd.€ an volkswirtschaftlichen Kosten verursacht hat (siehe dazu den dritten Teil des Buches), dann ist eine von der Kostenhöhe völlig unabhängige Frage, *wie diese Kosten verteilt werden,* d. h. wer was wann wie und in welcher Form zu zahlen hat.

Diese Kosten werden zurzeit praktisch ausschließlich über die Stromrechnungen mit einem bestimmten Betrag pro verbrauchter Kilowattstunde bezahlt (Systematik der EEG-Umlage; siehe dazu auch Kap. 15, Abschn. „Hintergrund: Mechanismus des Erneuerbare-Energien-Gesetzes (EEG)"), d. h. über ein Finanzierungsinstrument, das mit der wirtschaftlichen Leistungsfähigkeit der Akteure nichts zu tun hat – was für eine gesamtgesellschaftliche Aufgabe wie die Energiewende eine zumindest überraschende Konstruktion ist.

Dieselben Kosten könnten zum Beispiel durch einen „Energiewende-Solidaritätsbeitrag" ebenso finanziert werden (x Prozent von der Einkommens- und y Prozent von der Kapitalertragssteuer); dies würde mit Sicherheit zu einer anderen gesellschaftlichen Wahrnehmung und damit zu anderen Diskussionen über die Kosten für Haushalte und Unternehmen führen.

Denkbar wäre aber auch eine völlig andere Art der Finanzierung: Man schafft – zumindest etwa für die Kosten, die die bis 2014 installierten EE-Anlagen verursachen – einen Sonderfonds, der von einer Vermögensabgabe gespeist wird. Das heißt, die Energiewende würde (zumindest zum Teil) nicht von den privaten Haushalten und den Unternehmen finanziert, sondern von den größeren Vermögen in Deutschland.

Wir wollen an dieser Stelle *nicht* für oder gegen eine dieser Möglichkeiten argumentieren – wir möchten nur deutlich machen, dass es **eine Reihe von Alternativen bei der Frage** gibt, wie man die volkswirtschaftlichen Kosten der Energiewende innerhalb der Volkswirtschaft verteilt.

Die Wahl zwischen diesen Alternativen ist aber *keine* – oder nur zu einem kleinen Teil eine – *energiepolitische Aufgabe*; sie ist vielmehr eine sozialpolitische, wirtschaftspolitische, steuer- bzw. finanzpolitische Aufgabe. Deutlicher gesagt: Wenn die Energiewende aktuell zu einer bestimmten Belastung etwa der Privathaushalte in Deutschland führt, dann ist das eigentlich keine unmittelbare Folge der Energiewende. Es ist vielmehr die Folge einer anderen, *zusätzlichen* politischen Entscheidung – eine Entscheidung, die man (ohne ansonsten die Energiewende im Sinne der Ziele, Motive und Rahmenbedingungen im Geringsten zu modifizieren) hätte auch anders treffen können ... und die man auch jetzt noch ändern könnte.

Noch einmal anders formuliert: Die Aussage: „Die Energiewende kostet den durchschnittlichen deutschen Haushalt 2015 etwa 200 € im Jahr", ist streng genommen falsch, zumindest unzulässig verkürzt. Richtig wäre: „Die Energiewende verursacht 2015 volkswirtschaftliche Kosten in Deutschland von etwa 20 Mrd.€. Und eine von der Energiewende als solcher unabhängige politische Entscheidung führt dazu, dass 2015 jeder Privathaushalt mit durchschnittlich 200 € pro Jahr an der Finanzierung beteiligt ist."

Fazit:
Wenn wir hier die bisherige Umsetzung der Energiewende in Bezug auf die Einhaltung der Rahmenbedingung Wirtschaftlichkeit/Kosteneffizienz beurteilen wollen, müssen wir die Kosten der Energiewende für die Volkswirtschaft *insgesamt* in den Blick nehmen (und die Frage der Finanzierung, d. h. der *Verteilung* dieser Kosten innerhalb der Volkswirtschaft ausblenden).

Auf die Frage der Verteilung der Kosten und deren Auswirkungen kommen wir im dritten Teil des Buches ausführlich zurück.

Schaut man mit dieser begrifflichen Klarstellung noch einmal auf die Debatten der letzten Jahre, so ist festzuhalten:

- In vielen Beiträgen wird diese Unterscheidung nicht oder unzureichend beachtet; die Energiewende wird praktisch identifiziert mit der EEG-Umlage. Dies führt oft zu Verwirrung und Missverständnissen.
- Sofern über die Verteilungsfragen überhaupt gesprochen oder gestritten wird, findet dies meistens *nur innerhalb des EEG-Umlagesystems* statt: Welchen Teil des EEG-Topfes sollen Unternehmen, welchen Teil die Privathaushalte zahlen? Viel zu wenig wird über die Frage nach grundsätzlichen Alternativen diskutiert.
- Die Politik konzentriert sich praktisch ausschließlich auf die Reduzierung der volkswirtschaftlichen Kosten (bzw. auf die Reduzierung des Kosten*anstiegs*). Eine Politik der Energiewende sollte das auch tun. Aber die Bundesregierung insgesamt sollte sehr wohl auch die zweite Frage grundsätzlich in den Blick nehmen; das gehört zu einem so zentralen gesellschaftlichen Projekt einfach dazu. Und es gäbe sicherlich Chancen, zu einer anderen Lösung zu kommen, die die nachhaltige Akzeptanz der Energiewende in der Gesellschaft befördern würde.

Die nun geschärfte Frage dieses Abschnitts lautet somit: Wurde bei der Umsetzung der Energiewende bzgl. der Kosten für die Volkswirtschaft insgesamt die Rahmenbedingung „Wirtschaftlichkeit/ Kosteneffizienz" bisher eingehalten?

Zweite Klarstellung:
Die Frage lautet in diesem Abschnitt *nicht*: Wenn die Energiewende 2015 etwa 20 Mrd.€ an volkswirtschaftlichen Kosten verursacht hat, kann man das noch als „wirtschaftlich" bezeichnen bzw. als für die Volkswirtschaft „bezahlbar"? Diese Frage ist natürlich grundsätzlich schon sinnvoll und wichtig, aber nicht an dieser Stelle des Buches. Denn es wird ja nicht gefragt, wie die Energiewende bisher *umgesetzt* wurde, sondern wie die Energiewende überhaupt bzgl. der Kosten zu beurteilen ist. Und dieser Frage wollen wir erst im dritten Teil dieses Buches nachgehen.

Hier analysieren wir zunächst den bisherigen Verlauf der Energiewende und fragen, wie sie bisher umgesetzt wurde, ob die Ziele erreicht, die Motive erfüllt und die Rahmenbedingungen beachtet wurden.

Daher muss die Frage hier richtigerweise lauten: Wenn die Energiewende 2015 etwa 20 Mrd.€ kostet, sind das unvermeidliche Kosten oder hätte man die Energiewende bis heute mit denselben Zielen und Motiven auch zu deutlich günstigeren volkswirtschaftlichen Kosten realisieren können?

Die Bewertung

Die in diesem Abschnitt zu beantwortende Frage lautet also, anders formuliert: Wurde unter den vielen Möglichkeiten zur Umsetzung der Energiewende diejenige (vorsichtiger: eine derjenigen) gewählt, deren volkswirtschaftliche Kosten vergleichsweise niedrig sind? Oder noch konkreter: **Welcher Anteil dieser 20 Mrd.€ volkswirtschaftliche Kosten im Jahr 2015 wäre vermeidbar gewesen** (bei sonst weitgehend gleichem Stand bezüglich der Ziele und Motive)?

Legt man sich diese Frage ernsthaft vor, so stößt man auf eine Reihe von erheblichen methodischen Herausforderungen. Da dies keine wissenschaftlich quantitative Abhandlung ist, sondern ein Buch, das Transparenz und Orientierung bzgl. der wesentlichen Themen rund um die Energiewende schaffen soll, können wir diese Frage nicht exakt beantworten.

Wir können aber eine grobe Abschätzung geben anhand von drei Aspekten, die als relativ gesichert gelten können (die folgenden Zahlen beziehen sich auf das Jahr 2015):

1. Im bisherigen Verlauf der Energiewende hatte die bisher deutlich teurere PV-Technologie einen gegenüber der Windkrafttechnologie unnötig hohen Anteil am EE-Ausbau. Würde ein Drittel des PV Stroms (d. h. ca. 13 TWh) durch Windkraft erzeugt, so lägen die Kosten ca. 2,5 Mrd.€ niedriger.
2. Im bisherigen Verlauf der Energiewende waren im Durchschnitt die Renditen der Investoren unnötig hoch (vgl. dritten Teil des Buches). Hätte man die EEG-Subventionen so gesteuert, dass die Projektrenditen im Durchschnitt ein Prozent niedriger ausgefallen wären, hätte man weitere 1,2 Mrd.€ gespart.
3. Schließlich war die Geschwindigkeit des EE-Ausbaus in den Jahren 2010 bis 2012 unnötig hoch: In diesen drei Jahren wurde die EE-Stromproduktion um ca. 50 TWh, d. h. ca. 17 TWh pro Jahr gesteigert. Würde man in diesem Tempo weitermachen, wäre der angestrebte 80 %-Anteil an der Stromerzeugung bereits 2030 (und nicht wie geplant 2050) erreicht. Das heißt: Die Geschwindigkeit des EE-Ausbaus und vor allem des PV-Ausbaus war doppelt so hoch wie eigentlich erforderlich. Das war teuer: Hätte man durch bessere Konzeption der EEG-Modalitäten erreicht,

dass 10 TWh PV-Strom statt von 2010 bis 2012 in den Jahren 2013/2014 zugebaut worden wären, hätte das weitere ca. 1,3 Mrd.€ gespart.

Zusammenfassend:
Hätte man über das EEG diese drei Aspekte politisch anders gesteuert – was ohne Frage möglich gewesen wäre –, hätten von den aktuellen EEG-Kosten von gut 20 Mrd.€ etwa 25 % eingespart werden können. *Bis zu 25 % der Kosten der bisherigen Energiewende waren vermeidbar.*

Greifen wir an dieser Stelle vor und entnehmen eine wesentliche Zahl aus dem dritten Teil des Buches: Durch die bisherige Energiewende sind volkswirtschaftliche Kosten (d. h. Subventionen und Subventionsverpflichtungen) von netto ca. 400 Mrd.€ entstanden. Anhand dieser Zahl wird deutlich, dass es sich bei den 25 % tatsächlich um einen sehr signifikanten Gesamtbetrag von etwa 100 Mrd.€ handelt.

Fazit

Die Rahmenbedingung „Wirtschaftlichkeit/Kosteneffizienz" ist bei der bisherigen Umsetzung der Energiewende nicht eingehalten worden.
Bereits eine grobe Abschätzung zeigt, dass die Folgen daraus durchaus signifikant sind: Eine sehr kostenbewusste politische Steuerung hätte sicherlich 20 % der Kosten für die Volkswirtschaft (= ca. 80 Mrd.€), im optimalen Fall sogar bis zu 25 % (= ca. 100 Mrd.€) einsparen können.

Nun muss man auch der Politik bei einem solch komplexen Projekt zweifellos eine Lernkurve zugestehen. Angesichts des o. g. Fazits und des großen gesellschaftlichen wie auch des großen internationalen Augenmerks auf die Energiewende-Kosten ist es jedoch von erheblicher Bedeutung, dass die Bundesregierung in ihrer zukünftigen Energiewende-Politik gerade bezüglich dieser Rahmenbedingung die eingangs erwähnte Kurskorrektur wirklich durchführt, d. h. der Maßgabe folgt: „Die Begrenzung der Kosten ist bei der Energiewende das oberste Gebot."

Neuere Entwicklungen (Eckpunktepapier der Bundesregierung zur Energiewende vom 01.07.2015) lassen leider daran zweifeln, d. h. legen eher nahe, dass die Kosteneffizienz auch in Zukunft nicht selten auf dem Altar anderer politischer Interessen und Erwägungen geopfert wird.

Rahmenbedingung 3: Systemkonformität/Marktwirtschaft

Werfen wir schließlich – deutlich kürzer – noch einen Blick auf die Rahmenbedingung Systemkonformität und stellen die Frage: Ist die marktwirtschaftliche Ordnung der Energiewirtschaft und insbesondere der Stromerzeugung in Deutschland noch intakt oder wurde sie durch die bisherige konkrete Umsetzung der Energiewende eingeschränkt, gar außer Kraft gesetzt?

Wie schon zuvor ist es auch hier erforderlich, die Komplexität dieser – vielleicht zunächst eher einfach anmutenden – Fragestellung einzugrenzen. Wir tun dies mit zwei Vorbemerkungen:

1. In gewisser Weise wird diese Frage natürlich schon durch die Grundanlage der Energiewende verneint: Wenn man eine wesentliche Stromerzeugungstechnologie per poli-

tischer Vorgabe vom Markt ausschließt (Kernkraft), und wenn man eine Gruppe anderer Stromerzeugungstechnologien ebenfalls per politischer Vorgabe mit über 20 Mrd.€ pro Jahr (bei einem Nettoumsatz in der Stromerzeugung in Deutschland von ca. 30 Mrd.€ pro Jahr im Schnitt der Jahre 2005–2010) subventioniert, hat das natürlich mit Marktwirtschaft nichts zu tun. Überspitzt formuliert ist die *Energiewende als energiepolitisches Programm ja geradezu das Gegenteil von freier Marktwirtschaft* in der Stromerzeugung. (Ökonomisch kann man dies durchaus damit begründen, dass wesentliche externe (Folge-)Kosten sowohl der Kernkraft als auch der konventionellen Kraftwerke nicht internalisiert sind, aber solche Überlegungen gehen über den Rahmen dieses Buches hinaus.)

Die Fragestellung ist hier aber anders gemeint: Wird die Marktwirtschaft in der Stromerzeugung über dieses unvermeidliche – d. h. bereits aus der Energiewende-Konzeption selbst folgende – Maß hinaus eingeschränkt?

2. Es gab in den letzten Jahren eine wichtige wissenschaftliche Diskussion über folgende Frage: Ist der gegenwärtige marktwirtschaftliche Mechanismus, der sich vornehmlich in Europa und den USA während der letzten 15 bis 20 Jahren in der Stromerzeugung herausgebildet hat – im Kern: Preisbildung an einer nationalen Strombörse, Einsatz der Kraftwerke laut der „Merit Order", die sich ausschließlich an den variablen Kosten definiert –, überhaupt in der Lage, die wesentlichen gesellschaftlichen Bedürfnisse im Energiesektor zu erfüllen, vor allem das Bedürfnis nach Versorgungssicherheit?

Nicht nur, aber gerade auch in Deutschland besitzt diese Frage eine erhebliche politische Brisanz, denn: es ist die Frage nach dem richtigen „Marktdesign" für den Stromerzeugungsmarkt. Wir werden sie an dieser Stelle ausklammern (kommen aber im nächsten Kapitel noch einmal kurz darauf zurück), und das aus zwei Gründen: Erstens würde sie auch ohne Energiewende auftreten (und tritt in anderen Ländern daher ebenso auf), wenn auch sicherlich nicht in derselben Dringlichkeit und Schärfe. Zweitens ist es ja eine Frage nach dem optimalen Marktdesign *innerhalb* des marktwirtschaftlichen Prinzips ist, nicht die Frage, inwieweit das marktwirtschaftliche Prinzip überhaupt durchgehalten wird.

Blenden wir also nach diesen Vorbemerkungen die grundsätzliche Einschränkung des freien Wettbewerbs unter den Stromerzeugungstechnologien durch die Energiewende und die Diskussion um das richtige Marktdesign der Zukunft aus und beschränken uns auf die Frage, ob jenseits dessen die Prinzipien der freien Marktwirtschaft in der Stromerzeugung gewahrt sind: d. h. ob weiterhin jedes Unternehmen im Prinzip Kraftwerke bauen (und auch wieder stilllegen) kann, ob jedes Kraftwerk nach eigenem Ermessen Strom produzieren kann(oder auch nicht) und am Markt anbieten kann.

Die Antwort lautet dann: weitgehend ja - aber mit spürbaren Einschränkungen, die allerdings ausschließlich der Erfüllung einer anderen Rahmenbedingung geschuldet sind, nämlich der Versorgungssicherheit.

Konkret:
Die Bundesregierung hat im Wesentlichen zwei Möglichkeiten geschaffen, von außen in dieses freie Spiel der Marktkräfte einzugreifen: die Redispatch-Verordnung und die Reservekraftwerksverordnung. Die Redispatch-Verordnung gibt

den Übertragungsnetzbetreibern das Recht, in den laufenden Kraftwerksbetrieb einzugreifen (d. h. Kraftwerke herauf- oder herunterzufahren), wenn es die Versorgungssicherheit erfordert. Die Reservekraftwerksverordnung gibt der Bundesnetzagentur die Möglichkeit, sowohl die Stilllegung von Kraftwerken zu untersagen als auch Kraftwerke außerhalb des Marktes (also im staatlich regulierten Bereich) neu zu bauen, wenn es die Versorgungssicherheit erfordert.

Diese Verordnungen im Einzelnen zu erläutern, würde hier deutlich zu weit führen. Klar ist aber,

- dass beide Verordnungen unmittelbar aus den Auswirkungen der Energiewende heraus konstruiert wurden,
- dass beide in der Tat marktwirtschaftlichen Prinzipien widersprechen und daher restriktiv zu handhaben sind bzw. – im Fall der Reservekraftwerksverordnung – nur befristet gelten sollen.

(Bezüglich beider Verordnungen gibt es auch juristische und politische Auseinandersetzungen, die sich jedoch in erster Linie um die wirtschaftlichen Kompensationen für die Kraftwerksbetreiber drehen, die von solchen Eingriffen betroffen sind.) Wichtiger für unsere Zwecke ist es, sich das Ausmaß dieser Einschränkungen vor Augen zu führen:

- Redispatch-Maßnahmen wurden im Jahr 2015 im Umfang von ca. 11 TWh durchgeführt, bei einem Marktvolumen von ca. 600 TWh.
- Vom Verbot der Stilllegung waren bis Ende 2015 Kraftwerke im Umfang von ca. 4–5 GW betroffen, bei einem Marktvolumen von ca. 90 GW (konventionelle Kraftwerke).

Es ist offensichtlich, dass man angesichts dieser Größenordnungen von einer wirklich signifikanten Einschränkung des Marktes zumindest noch nicht sprechen kann (so wesentlich dies für einzelne Kraftwerksbetreiber sein mag).

> **Positiv formuliert**
>
> Der freie Markt in der (konventionellen) Stromerzeugung funktioniert weitgehend, und einige Folgen davon – hohe Laufzeiten der Braunkohle- und Steinkohlekraftwerke, hohe Exportmengen ins Ausland, damit nominal relativ hohe CO_2-Emissionen in Deutschland bei der Stromerzeugung – sind spürbar, relevant und (wie bereits gesehen) Gegenstand vieler Diskussionen.

13

Status quo 2015 – Systemische Folgen

Im vorletzten Kapitel dieses zweiten Teils des Buches wollen wir die Frage nach dem Status quo bezüglich der systemischen Folgen der Energiewende beantworten. Wir wollen beschreiben,

- in welchem Maße die im ersten Teil des Buches herausgearbeiteten unvermeidlichen Konsequenzen der Energiewende bereits offenkundig geworden, erkannt und umgesetzt worden sind; d. h. inwieweit die neuen Charakteristika/Konturen der zukünftigen Energielandschaft in Deutschland bereits sichtbar sind;
- wie mit den Gestaltungsmöglichkeiten innerhalb dieser systemischen Folgen umgegangen worden ist, d. h. wie die Energielandschaft zwischen den großen Konturen konkret aussieht;
- und schließlich exemplarisch, wie mit den dabei – auch das wurde im ersten Teil bereits thematisiert – unvermeid-

lichen politisch-gesellschaftlichen Auseinandersetzungen umgegangen wurde.

Dies geschieht in derselben Reihenfolge, in der wir im ersten Teil die systemischen Folgen konzeptionell-argumentativ entwickelt haben.

Art der erneuerbaren Energien

Wir hatten im Kapitel 10 „Status quo 2015 - Ziele" bereits festgestellt, dass in Summe der Ausbau der EE etwas schneller als geplant voranschreitet (Tab. 13.1).

Bezüglich der einzelnen EE-Arten ergibt sich das in Tab. 13.2 dargestellte Bild.

Die Zahlen zeigen, dass sich bis heute auch die Anteile der EE-Arten am gesamten EE-Aufkommen weitgehend so entwickelt haben, wie es im hier zugrunde gelegten Szenario der Leitstudie 2011 anvisiert wurde; der überplanmäßige Ausbau ist vor allem auf Wind(on) zurückzuführen.

Erwähnenswert in diesem Zusammenhang ist vor allem folgender Punkt: Die Entwicklung der Wind(off)-Technologie – die ja bisher der Planung von 2010/2011 entspricht – wird

Tab. 13.1 Erneuerbare Energien in Deutschland bei der Stromerzeugung

	Plan 2015	**Ist 2015**
EE-Leistung (GW)	ca. 90	97
EE-Strommenge (TWh)	ca. 170	195

Tab. 13.2 EE-Arten bei der Stromerzeugung 2015

	Plan 2015	Ist 2015
PV	38 GW/30 TWh	39 GW/38 TWh
Wind (onshore)	34 GW/63 TWh	42 GW/79 TWh
Wind (offshore)	3 GW/8 TWh	3 GW/9 TWh
Biomasse	8 GW/45 TWh	7 GW/50 TWh
Wasser	5 GW/20 TWh	6 GW/19 TWh
Gesamt	ca. 90 GW/ ca. 170 TWh	97 GW/195 TWh

in den nächsten Jahren etwas langsamer als ursprünglich geplant verlaufen, da die Bundesregierung ihre Planung entsprechend nach unten korrigiert hat: Waren ursprünglich für 2030 ca. 24 GW installierte Leistung für Wind(off) vorgesehen, so geht man jetzt von ca. 15 GW aus.

Netzausbau

Der Status quo 2015 bezüglich des wesentlichen Themas „Netzausbau" – insbesondere also die Verstärkung bzw. der Neubau von Stromtransportleitungen von Norden nach Süden – stellt sich deutlich komplexer dar.

Die Fakten

Auf der einen Seite ist die Entwicklung planmäßig verlaufen: Auf Basis der Planungen der Bundesregierung bezüglich des Ausbaus der EE von 2010/2011 wurde von der verantwortlichen Bundesnetzagentur in Zusammenarbeit mit den vier

Übertragungsnetzbetreibern im Jahr 2012 ein „Netzentwicklungsplan" aufgestellt, der den erforderlichen Netzausbau in den nächsten ca. zehn Jahren konkretisiert. Grob gesagt bezifferte er den erforderlichen Netzausbau mit

- ca. 3000–4000 km neuen Leitungen, die vor allem mit vier neuen großen „Stromautobahnen" realisiert werden sollen;
- ca. 3000–4000 km Verstärkung bzw. Modernisierung von bestehenden Leitungen.

Die erforderlichen Investitionen wurden mit ca. 20–25 Mrd.€ veranschlagt, was bei einer Lebensdauer der Netze von 40 Jahren jährlichen Kosten von etwa 2 Mrd.€ entspricht. Hinzu kommen die Investitionen in die notwendige Netzanbindung der Wind(off)-Anlagen (der sogenannte Offshore-Netzentwicklungsplan), die mit weiteren ca. 10 Mrd.€ veranschlagt werden.

Dieser Netzentwicklungsplan wurde 2013 in einem sogenannten Bundesbedarfsplangesetz auch gesetzlich festgeschrieben, sodass – jedenfalls für den Energiewende-Pfad bis 2030 – bezüglich des Netzausbaus alle notwendigen Grundlagen gelegt wurden.

Dies alles geschah bis 2013 in einem sehr weitgehenden Konsens zwischen Experten, Behörden, Verbänden und politischen Parteien sowie auch im Konsens zwischen der Bundesregierung und den Landesregierungen.

Die Umsetzung dieser Planungen bzw. dieses Gesetzes soll bis Mitte des nächsten Jahrzehnts erfolgen. Dies klingt nach einem sehr langen Zeitraum. Angesichts komplexer Detailplanungen, aufwändiger Genehmigungsprozesse – und auch zu erwartender lokaler Widerstände mit entsprechenden Gerichtsverfahren – sind diese zehn Jahre aber ohne Zweifel erforderlich. Die Arbeiten dazu, vor allem auf Seiten der für die Umsetzung zuständigen Übertragungsnetzbetreiber, sind in der Tat in vollem Gange. Im Vergleich zu den ursprünglichen Zeitplänen gibt es zwar bereits Verzögerungen, diese sind aber wohl noch nicht als kritisch einzustufen, d. h., der gesamte Entwicklungsplan der Energiewende ist noch nicht gefährdet.

Auf der anderen Seite hat es 2014/2015 eine Entwicklung gegeben, die dieses insgesamt positive Bild getrübt hat. Es formierte sich vor allem in Bayern ein erheblicher Widerstand gegen die Netzausbaupläne, und zwar nicht nur bei einzelnen betroffenen Bürgern und auch nicht nur auf Ebene von Gemeinden und Landkreisen, sondern vor allem auch auf Ebene der bayerischen Landesregierung. Die bayerische Landesregierung widerrief den allgemeinen Konsens aus dem Jahr 2013 und forderte, die vorgesehenen neuen Stromtransportleitungen von Norddeutschland nach Bayern *nicht* zu bauen.

Wie ist dies zu bewerten?

Im Gesamtkontext der Energiewende wird dieser Schwenk der bayerischen Landesregierung wohl eine vorübergehende (aber kostspielige) Episode bleiben. Wir wollen dennoch kurz die wesentlichen Aspekte in diesem Zusammenhang beleuchten, einerseits weil diese Debatte (im Kern: der Streit zwischen Bundesregierung und der – sie mittragenden – bayerischen Landesregierung) im Jahr 2015 erheblichen Raum einnahm und politische Kraft kostete, andererseits auch, weil hier exemplarisch einige wichtige grundsätzliche Argumentationsstrukturen und gedankliche Zusammenhänge nochmals deutlich gemacht werden können.

- Rein technisch gesehen sind die neuen Transportleitungen natürlich in der Tat *nicht* erforderlich. Wir hatten ja im ersten Teil dieses Buches besprochen, dass es technisch-konzeptionell eine Reihe von ganz verschiedenen Möglichkeiten gibt, um die Ziele und Motive der Energiewende umzusetzen und dabei auch die Rahmenbedingung Versorgungssicherheit zu erfüllen. Sie unterscheiden sich nur sehr stark im Hinblick auf die volkswirtschaftlichen Kosten und im Hinblick auf die Systemkonformität.
- Bezogen auf den konkreten Streitpunkt der zwei Nord-Süd-Stromleitungen nach Bayern wäre zum Beispiel folgende alternative Lösung technisch möglich:

Für den Norden: Betrachtet man den Norden von Deutschland isoliert – also ohne die durch die geplanten neuen Transportleitungen geschaffenen zusätzlichen Möglichkeiten, Strom in den Süden zu transportieren –, so ergibt sich dort entsprechend die Notwendigkeit, innerhalb Norddeutschlands die schwankende Stromproduktion aus den Windanlagen dem Stromverbrauch anzupassen. Während dies heute noch durch Abregeln von Windspitzen und den konventionellen Kraftwerkspark einigermaßen kostengünstig geschehen kann, so wären bereits ab ca. 2020 zunehmend die Instrumente erforderlich, die wir im ersten Teil dargestellt haben (und die planmäßig für Gesamtdeutschland erst ab 2030/2035 wichtig werden): Bau von Speichern und/oder von zusätzlichen Stromverbrauchern und/oder von zusätzlichen Stromleitungen in die Nachbarländer. Dies ist technisch möglich, aber auf der Basis *gegenwärtig* verfügbarer Technologien sehr teuer.

Für Bayern: in Bayern entsteht durch die Abschaltung der Kernkraftwerke Anfang des nächsten Jahrzehnts eine Lücke von ca. 5 GW gesicherter Leistung und 40 TWh Strom-

produktion, die gefüllt werden muss. Wenn die ca. 4 GW und 20 TWh, die über die beiden Stromautobahnen kommen würden, nicht zur Verfügung stehen, müsste hierfür ebenfalls ein zusätzliches System aus EE, Speichern/Stromverbrauchern etc. aufgebaut werden, notwendigerweise ergänzt durch neue konventionelle Kraftwerke (in der Vorstellung: Gaskraftwerke) im Umfang von ca. 2–3 GW. Auch dies ist technisch ohne Probleme möglich, verursacht aber zum einen erhebliche zusätzliche Kosten, zum anderen verstößt diese Alternative gegen das Prinzip der marktwirtschaftlichen Ordnung in der Stromerzeugung, da die zusätzlichen Gaskraftwerke per staatlichem Eingriff gebaut und staatlich hoch subventioniert betrieben werden müssten.
- Nimmt man beides zusammen, so ergibt sich – selbst ohne Speicher – eine jährliche Kostendifferenz gegenüber der Lösung mit den beiden neuen Stromtrassen (in ursprünglicher Planung, d. h. mit Freileitungen) von mindestens 500 Mio.€; mit Speichern deutlich mehr.

Fazit aus dieser Überlegung:
Verzichtet man auf die neuen Stromleitungen von Norden nach Süden, verzichtet man also auf die dadurch realisierten *Synergien* zwischen Nord- und Süddeutschland, so verursacht dieser Verzicht erhebliche Mehrkosten, und er würde auch die Rahmenbedingung „Systemkonformität" verletzen. Hier zeigt sich konkret, was wir im ersten Teil des Buches allgemein begründet hatten: Überregionaler Netzausbau mit oberirdischen Leitungen ist auf absehbare Zeit diejenige unter den verschiedenen konzeptionellen und technischen Optionen zur weiteren Umsetzung der Energiewende, die zu den mit Abstand geringsten volkswirtschaftlichen Kosten führt.

Zusätzlich ist auch der folgende Aspekt zu berücksichtigen: Das eigentliche politische Motiv für den Verzicht auf die neuen Stromleitungen bestand darin, dass diese Infrastruktur auf den Widerstand von betroffenen Bürgern stößt. Es ist aber klar, dass der Verzicht auf *diese Infrastruktur* die Notwendigkeit des Aufbaus *anderer (und teurerer) Infrastruktur* nach sich zieht, im Norden wie im Süden, und dass dies natürlich ebenso lokale Widerstände hervorrufen wird.

Schließlich ist auch zu bedenken, dass bezüglich des Themas *Betroffenheit von Bürgern von Energiewende-Infrastruktur* bisher der Norden Deutschlands die größeren Lasten getragen hat: 70 % der Windanlagen stehen im Norden, sind weithin sichtbar und haben optisch erhebliche Teile der küstennahen Regionen deutlich geprägt. Insofern erscheint es nicht unfair, wenn durch die Stromleitungen auch der Süden einen größeren Teil der „Infrastrukturlasten" der Energiewende als bisher zu tragen hat.

Diese Argumente sind eindeutig. Die ausgedehnte bundespolitische Diskussion um dieses Thema – vor allem von der bayerischen Landesregierung entfacht – war daher eigentlich überflüssig: Sie drehte sich nicht um wirklich konzeptionell offene Gestaltungsoptionen innerhalb des durch Ziele/Motive/Rahmenbedingungen gesteckten Rahmens der Energiewende, sondern entsprang letztlich dem mangelnden politischen Mut, zu den unvermeidlichen systemischen Folgen der Energiewende auch dann zu stehen, wenn sie den Interessen Einzelner zuwiderlaufen.

Es wäre daher gerade an diesem Punkt wichtig gewesen, wenn sich die Bundesregierung durchgesetzt, den Einwänden der bayerischen Landesregierung eine Absage erteilt und die Netzausbaupläne (gfls. in den Trassenführungen modifiziert) umgesetzt hätte.

Die politische Realität sieht anders aus. Der Kompromiss vom Sommer 2015 sieht zwar vor, die beiden geplanten Stromtrassen nach Bayern zu bauen; aber sie werden jetzt vorrangig in Erdverkabelung realisiert – eine Technik, die sehr viel teurer ist als die konventionellen oberirdischen Stromleitungen. Dies führt nach gegenwärtigen, noch ungenauen Schätzungen zu zusätzlichen Investitionskosten von ca. 10 Mrd.€.

Damit wird der entscheidende Kostenvorteil des Netzausbaus gegenüber den oben genannten alternativen Umsetzungsmöglichkeiten der Energiewende infrage gestellt. Man kann also fragen, ob es dann nicht sinnvoller gewesen wäre, tatsächlich auf Teile des Netzausbaus zu verzichten und früher als geplant mit Speichern, neuen Stromanwendungen etc. zu arbeiten.

Aber der jetzt beschlossene Pfad der Umsetzung der Energiewende lautet: massiver Ausbau der Übertragungsnetze mit neuen Stromtrassen von Norden nach Süden, und das mit sehr teurer Technik.

Damit verletzt die verantwortliche Politik ein weiteres Mal – entgegen aller Deklarationen – die Rahmenbedingung Wirtschaftlichkeit/Kosteneffizienz in ziemlich eklatanter Weise.

Fazit

- Die systemische Folge „Netzausbau" der Energiewende ist erkannt, bearbeitet, in einem von der Struktur her klaren „Netzentwicklungsplan" konkretisiert und bereits durch ein Bundesgesetz aus dem Jahr 2013 auf eine verlässliche Grundlage gestellt.
- Die aktuellen politischen Entscheidungen zur konkreten Umsetzung dieses Netzausbaus dürften dazu führen, dass bis ca. 2025 die für den jetzt absehbaren Pfad der

Energiewende (bis 2030/2035) erforderlichen Übertragungsnetze gebaut werden. Sie sind jedoch nicht kompatibel mit der Rahmenbedingung „Wirtschaftlichkeit/Kosteneffizienz".

- Die jährlichen Kosten aus dem überregionalen Netzausbau werden nach aktuellen Abschätzungen von heute unter 1 Mrd.€ bis 2025 auf eine Größenordnung von etwa 4 Mrd.€ steigen. Dies liegt deutlich unter den Kosten für den EE-Ausbau selbst, ist aber dennoch ein spürbarer Kostenfaktor bei der Energiewende.

Volatilität

Wir können uns in diesem Abschnitt deutlich kürzer fassen: Im ersten Teil des Buches hatten wir festgehalten, dass die Herausforderungen, die sich aus der wetterabhängigen und damit im Laufe von Wochen, Tagen oder sogar Stunden stark schwankenden Stromproduktion (nicht nur der einzelnen EE-Anlage, sondern auch) des gesamten EE-Anlagenparks in Deutschland ergeben, bis ca. 2030 im Wesentlichen durch zwei Maßnahmen beherrscht werden können:

- durch Abregeln von EE-Anlagen (zu Zeiten, in denen die EE-Stromproduktion die Stromnachfrage in Deutschland übersteigt);
- durch eine weitgehende Beibehaltung des konventionellen Kraftwerksparks – mindestens 60 GW, kommend von ca. 100 GW in 2010 (für Zeiten, in denen trotz einer installierten EE-Leistung von bald deutlich über 100 GW zu wenig EE-Stromproduktion zur Verfügung steht).

Mit anderen Worten: Die systemischen Folgen jenseits dieser beiden Aspekte – Abregeln der EE, Parallelität von

EE-Kraftwerkspark und konventionellem Kraftwerkspark – treten erst nach 2030 vollständig zu Tage.

Schaut man vor diesem Hintergrund auf den Status quo 2015, so kann man drei wesentliche Feststellungen treffen:

1. Im Jahr 2015 wurden EE-Anlagen im Umfang von weniger als 2 TWh abgeregelt; bei einer EE-Gesamtproduktion von ca. 195 TWh ist dies weniger als 1 Prozent.
Diese Abregelungen waren im Übrigen schwerpunktmäßig nicht erforderlich, weil die EE-Produktion in Deutschland die Nachfrage in Deutschland überstiegen hätte, sondern weil *in Norddeutschland* die dortige Produktion die dortige Stromnachfrage überstieg und der Überschuss aufgrund noch fehlender Stromleitungen nicht nach Süden – zu den dortigen Verbrauchsschwerpunkten – transportiert werden konnte.
Anders formuliert: Wären die im vorigen Abschnitt beschriebenen Netzausbaupläne schon umgesetzt, dann wären heute Situationen mit Abregelungsnotwendigkeit auf sehr seltene Einzelfälle beschränkt.
2. Der konventionelle Kraftwerkspark ist 2015 mit einem Umfang von ca. 90 GW nur ca. 10 GW kleiner als im Jahr 2010; und dies ist im Wesentlichen eine Folge der Stilllegung von ca. 8 GW Kernkraft im Jahr 2011. Die spezifischen Folgen davon werden wir im Abschnitt „Folgen für den konventionellen Kraftwerkspark und für die etablierte Energiewirtschaft" diskutieren.
3. Im ersten Teil des Buches haben wir festgehalten, dass heute und in den nächsten 15 bis 20 Jahren Speicher, zusätzliche Stromverbraucher, vermehrte Export-/Importmöglichkeiten und DSM-Maßnahmen noch nicht erforderlich sind, da die EE-Anlagen auch so noch in das Stromsystem integriert werden können. Trotz dieser Tatsache kann man feststellen: Es gibt bereits jetzt in

Deutschland eine ganze Reihe von, ja eine fast unübersehbare Anzahl von Studien, Forschungsvorhaben, Pilotprojekten sowohl zu einzelnen Elementen des zukünftigen Systems – Power-to-Heat- und Power-to-Gas-Anlagen, DSM-Möglichkeiten in der Industrie und bei privaten Haushalten, große Batteriespeicher –, als auch zu den Möglichkeiten und der IT-technischen Umsetzung der Steuerung dieser Elemente untereinander.

Mit anderen Worten: Deutschland bereitet sich schon heute intensiv auf die Zeit nach 2030 vor. Es ist daher auch nicht ausgeschlossen, dass die Entwicklung in diesem Bereich sowohl rein technisch als auch kostenmäßig so schnell verläuft, dass die Option „Abregeln von EE-Anlagen und Beibehaltung konventioneller Kraftwerke" bereits im nächsten Jahrzehnt zu signifikanten Teilen durch die oben genannten Elemente ersetzt werden kann.

Wir können dies dahingestellt sein lassen.

> **Fazit**
>
> Es gibt jedenfalls aus heutiger Sicht keinen vernünftigen Zweifel daran, dass die Herausforderung der Volatilität der EE *technisch* gelöst werden wird. Und es verdichten sich auch Hinweise darauf, dass dies zu Kosten möglich sein wird, die nur einen kleineren Teil dessen betragen, was der EE-Ausbau selbst kostet.

Ein letzter Aspekt in diesem Zusammenhang: Es spricht einiges dafür, dass das dadurch aufgebaute anlagentechnische und systemtechnische Know-how in absehbarer Zeit zu interessanten Exportchancen für die deutsche Wirtschaft führen könnte (vgl. Kap. 11, Abschn. „Motiv 4: Förderung von Innovationen/Exportchancen der Wirtschaft").

Denn die Frage: „Wie kann eine Vielzahl dezentraler EE-Anlagen mit zusätzlichen Komponenten und Systemtechnik effizient gesteuert werden und die Stromnachfrage befriedigen, ohne dass eine ausreichende zentrale Infrastruktur aus Großkraftwerken und hoch entwickelten Netzen zur Verfügung steht?" – diese Frage ist relevant für eine ganze Reihe von sich entwickelnden Ländern der Erde, die aufgrund ihrer natürlichen Gegebenheiten a priori für den Einsatz von EE sogar prädestinierter sind als Deutschland.

Kleinteiligkeit der Energielandschaft

Die systemische Folge der Kleinteiligkeit des EE-Anlagenparks ist mittlerweile in beeindruckender Weise sichtbar: 2015 gab es bereits über 1,4 Millionen „EE-Kraftwerke" in Deutschland, aufgeteilt in ca. 1,4 Millionen PV-Anlagen, ca. 25.000 Windanlagen und ca. 10.000 Biomasseanlagen.

Diese *extreme* Kleinteiligkeit im Bereich der PV-Anlagen wäre nicht erforderlich gewesen. Sie ist vor allem dadurch entstanden, dass es aufgrund (zu) hoher Fördersätze im EEG gerade für Eigenheimbesitzer finanziell (vor allem in den Jahren 2009–2012) sehr attraktiv war, sich eine PV-Anlage auf das Dach zu bauen. Dies hat erheblich zu der im vorigen Kapitel beschriebenen Verletzung der Kosteneffizienz beigetragen, also zu vermeidbaren Kosten der Energiewende in substanzieller Größenordnung geführt.

Fazit:
Die konkrete Energielandschaft in Deutschland entwickelt sich bzgl. dieses Aspektes innerhalb der Konturen, die wir aus grundsätzlichen Erwägungen heraus im ersten Teil des Buches über die zukünftige Energielandschaft gezeichnet haben.

Flächenbedarf, physische Präsenz der EE

Blickt man auf das Deutschland im Jahre 2015 in Bezug auf diesen Punkt, so muss man wohl ein heterogenes Bild konstatieren:

- Auf der einen Seite wächst der Widerstand gegen neue Windanlagen an vielen Orten signifikant – aufgrund von Lärm, möglichen gesundheitlichen Folgen, der Bedrohung einiger Tierarten und aufgrund von optischer Beeinträchtigung des Landschaftsbildes.
- Auf der anderen Seite waren 2014 und 2015 Rekordjahre für den Windausbau mit ca. 5 GW bzw. ca. 4 GW neuen Windanlagen.

Interessant ist dabei, dass sich die Haltung zur Windkraft nicht selten bereits auf kleinstem Raum grundsätzlich unterscheidet: Fördert eine Gemeinde den Neubau, so kann bereits die Nachbargemeinde neue Windanlagen kategorisch ausschließen.

Insgesamt kann man aber wohl festhalten, dass sich aus diesem Aspekt heraus aus heutiger Sicht kein fundamentales Problem für den weiteren Ausbaupfad der Wind(on)-Anlagen in Deutschland und damit für die Energiewende ableiten lässt.

Folgen für den konventionellen Kraftwerkspark und für die etablierte Energiewirtschaft

In diesem letzten Abschnitt zum „Status quo 2015" bezüglich der systemischen Folgen der Energiewende kommen wir zu einem Thema, das seit ein paar Jahren wohl zu den komplexesten und umstrittensten Diskussionspunkten in der deutschen Energiepolitik gehört: die aktuelle Situation der konventionellen Kraftwerke und deren Zukunft in den nächsten fünf bis zehn Jahren – inklusive der aktuellen Situation und mittelfristigen Zukunft jener Unternehmen, die diese Kraftwerke betreiben.

Zur Erinnerung

Wir hatten im entsprechenden Abschnitt im ersten Teil des Buches (Kap. 8, Abschn. „Folgen für den konventionellen Kraftwerkspark und für die etablierte Energiewirtschaft") zwei wesentliche unvermeidliche Konsequenzen der Energiewende herausgearbeitet:

- Während der konventionelle Kraftwerkspark langfristig stark reduziert wird, muss er bis ca. 2030 zwar weitgehend erhalten bleiben, jedoch mit stark reduzierter Auslastung, d. h. deutlich weniger produzierter Strommenge pro installierter Leistung. Dies muss längerfristig zu einer Weiterentwicklung der aktuellen (d. h. bis 2016 geltenden) Marktregeln führen.
- Die Integration zunehmender Mengen von EE-Strom mit variablen Kosten 0 in das Stromsystem führt im aktuellen, auf der „Merit Order" beruhenden Marktdesign in der Stro-

merzeugung zur Verdrängung derjenigen Kraftwerke, die „oben" in der Merit Order stehen (d. h. die höchsten variablen Kosten haben), konkret zunächst zur Verdrängung von Gaskraftwerken und dann von Steinkohlekraftwerken – mit der Folge, dass der Strompreis an der Börse sinkt und im Zuge dessen die Rentabilität für alle Kraftwerke sinkt.

Folgen für den konventionellen Kraftwerkspark

Betrachten wir zunächst den zweiten Punkt und halten fest:

- Der Strompreis an der Börse EEX ist in den letzten Jahren um ca. 20 €/MWh gesunken - von ca. 50–55 €/MWh im Durchschnitt der Jahre 2005–2010 auf 30–35 €/MWh in den Jahren 2014/2015.
- Dies hat zwei Ursachen:
  1. Etwa 50 % dieser Entwicklung gehen auf das Konto eines in den letzten Jahren deutlich gesunkenen Preises für Steinkohle auf den Weltmärkten, der das Kostenniveau des primär preissetzenden Kraftwerkstyps „Steinkohle" um etwa 10 €/MWh gedrückt hat; dieser Effekt ist *unabhängig* von der Energiewende.
  2. Etwa 50 % sind auf die Tatsache zurückzuführen, dass die (Kondensations-)Gaskraftwerke komplett aus dem Markt gedrängt wurden und als preissetzendes Element entfallen. Dies ist eine *unmittelbare Folge* der Energiewende.

Anders ausgedrückt:

Ohne Energiewende hätte der EEX-Strompreis in den letzten Jahren um ca. 10 Euro pro Megawattstunde (= 1 ct/kWh) höher gelegen, als es de facto der Fall war.

---

13 Status quo 2015 – Systemische Folgen

Die Situation der konventionellen Kraftwerke in Deutschland im Jahr 2015 kann man auf dieser Basis knapp so charakterisieren:

- Die (Kondensations-)**Gaskraftwerke** sind aus dem Markt gedrängt, d. h. komplett unrentabel. Die betriebswirtschaftlich rationale Folge ist die Stilllegung dieser Kraftwerke (ca. 15 GW); es ist daher nicht überraschend, dass bereits ca. 7 GW dieser Kraftwerke nicht mehr im regulären Betrieb oder zur Stilllegung angemeldet sind.
- Die **Steinkohlekraftwerke** erwirtschaften in der Regel noch positive operative Ergebnisse, die jedoch – für die neueren unter ihnen, die noch nicht abgeschrieben sind – nicht ausreichen, um die Kapitalkosten zu decken. (Einzelne Steinkohlekraftwerke wurden in den letzten Jahren stillgelegt bzw. sind zur Stilllegung angemeldet; demgegenüber sind einige neue Steinkohlekraftwerke noch im Bau.)
- Die **Braunkohlekraftwerke** und **Kernkraftwerke** – die in aller Regel bereits abgeschrieben sind – arbeiten rentabel, aber mit deutlich geringeren Gewinnmargen als bisher.

An dieser Situation wird sich in den nächsten fünf Jahren aus heutiger Sicht rein aus marktwirtschaftlichen Gesichtspunkten heraus wenig ändern; d. h. es wird trotz einer deutlich verschlechterten betriebswirtschaftlichen Situation für die konventionellen Kraftwerke genügend installierte Leistung dieser Kraftwerke geben, um die Versorgungssicherheit in Deutschland sicherstellen zu können.

In den ersten Jahren des nächsten Jahrzehnts jedoch werden innerhalb weniger Jahre ca. 10 GW Kernkraftwerke abgeschaltet. Und es wird allgemein erwartet, dass angesichts der bis dahin gegebenenfalls erfolgten Stilllegungen weiterer Kraftwerke (und in einzelnen Fällen auch wegen des technischen Lebensdauerendes) ab 2022 zumindest in gewissem Umfang der Neubau von konventionellen Kraftwerken erforderlich sein wird, um die Versorgungssicherheit gewährleisten zu können.

Nun sind bis dahin noch fünf bis sieben Jahre Zeit. Daher könnte man erwarten, dass die folgende Frage erst um 2020 politisch diskutiert und entschieden wird:

„Wie müssen die Marktregeln in Deutschland für konventionelle Kraftwerke aussehen, damit Neubauten von Kraftwerken im Markt (also von privaten Investoren) getätigt und Stilllegungen in größerem Umfang vermieden werden?"

Tatsächlich aber hat sich ein Großteil der energiepolitischen Diskussion in den letzten Jahren bereits dieser Frage gewidmet. Dafür gibt es im Wesentlichen drei Gründe:

- Zum einen ist diese Frage (bzw. die Antwort darauf) objektiv von erheblicher Komplexität und Tragweite, sodass es sinnvoll ist, einen sorgfältigen und längeren Diskussionsprozess in der Politik, der sie beratenden Wissenschaft und der Energiebranche zu führen. (In diesem Zusammenhang ist bemerkenswert, dass es auch unter unabhängigen Experten und Wissenschaftlern durchaus sehr unterschiedliche Meinungen zu diesem Thema gibt).
- Zweitens ist – jedenfalls bisher – ein Zeitraum von zwei bis vier Jahren von der Investitionsentscheidung für ein Kraftwerk bis zu seiner Inbetriebnahme zu veranschlagen. Wenn ein neues Kraftwerk im Jahr 2022 gebraucht wird, muss also spätestens 2020 die Investitionsentscheidung fallen, was bedeutet: Die Marktregeln für konventionelle Kraftwerke sollten Ende des Jahrzehnts in verlässlicher Weise auf längere Sicht festgelegt sein.

- Der dritte Grund ist anderer Natur: Die Energiebranche – allen voran einige große Kraftwerksbetreiber – fordert, dass es bereits in den nächsten Jahren zu einer tief greifenden Reform der Marktregeln kommen muss (Forderung eines sogenannten Kapazitätsmarkts). Man darf annehmen, dass diese Forderung einerseits sicherlich durch die Sorge um die Versorgungssicherheit in Deutschland motiviert ist, andererseits aber auch durch die Hoffnung, dass sich die wirtschaftliche Situation der konventionellen Kraftwerke im Zuge einer solchen Reform wieder verbessert.
Bemerkenswert ist in diesem Zusammenhang, dass auch die Energiebranche bezüglich dieses Themas bei näherer Betrachtung durchaus gespalten ist: Es gibt nicht wenige Energieversorgungsunternehmen, die diese Forderung auch öffentlich abgelehnt haben.

Wir möchten an dieser Stelle betonen, dass es sich bei dieser Diskussion – anders als bei der Debatte um die Stromtrassen von Norddeutschland nach Bayern – um eine sinnvolle und notwendige Auseinandersetzung handelt: Es geht um eine wesentliche Gestaltungsfrage innerhalb der durch die Ziele, Motive und Rahmenbedingungen definierten Prinzipien der Energiewende.

Auch diese Diskussion ist mit dem im Sommer 2016 verabschiedeten neuen Strommarktgesetz entschieden. Die Bundesregierung sieht jedenfalls für die absehbare Zukunft keine Notwendigkeit für tiefgreifende Reformen (insbesondere keine Notwendigkeit für einen Kapazitätsmarkt), wohl aber für eine substanzielle Weiterentwicklung der Marktregeln innerhalb des bisherigen Marktdesigns.

Folgen für die etablierte Energiewirtschaft

Wenden wir uns schließlich *der wirtschaftlichen Situation der betroffenen Energieversorgungsunternehmen* zu, d. h. der Betreiber der konventionellen Kraftwerke in Deutschland.

Vergleichen wir dazu die aktuelle Ist-Situation der deutschen Stromerzeugung mit einer fiktiven Situation ohne die Energiewende. Wir nehmen also an, der konventionelle Kraftwerkspark, wie er in den Jahren 2000–2010 bestanden hat, würde heute praktisch den gesamten Stromverbrauch in Deutschland decken. Es ergibt sich dann, geschätzt, folgendes Bild (Tab. 13.3).

Ohne die Energiewende hätten die Kraftwerksbetreiber der konventionellen Anlagen 2015 ca. 145 TWh pro Jahr mehr Strom (inkl. Stromexporte) produziert (ohne dass sie hierfür neue Kraftwerke hätten bauen müssen) – und zwar ca. 75 TWh mehr aus Kernkraftwerken, ca. 40 TWh mehr aus den Steinkohlekraftwerken, ca. 30 TWh mehr aus den Gaskraftwerken.

Tab. 13.3 Strommix mit und ohne Energiewende 2015 (in TWh)

	2015 (ohne Energiewende)	2015 (Ist)
Kernenergie	165	90
Braunkohle	155	155
Steinkohle	160	120
Gas	90	60
EE	30	195
Sonstige	30	30
Gesamt	**630**	**650**

Zudem hatten wir ja oben festgehalten, dass die EEX-Strompreise – d. h. das Erlösniveau für alle konventionellen Kraftwerke – in den letzten Jahren etwa 10 €/MWh niedriger lagen, als das ohne Energiewende der Fall gewesen wäre. Mit anderen Worten: Die Kraftwerksbetreiber verkaufen aufgrund der Energiewende nicht nur deutlich weniger Strom, sondern sie müssen dies auch zu deutlich niedrigeren Preisen tun.

Quantitativ kann man diesen Effekt grob abschätzen:

- Durch die Energiewende haben die Kraftwerksbetreiber ca. 10 Mrd.€ pro Jahr weniger Umsatz als in einem Referenzszenario ohne Energiewende.
- Auf der anderen Seite sparen sie bei den Preisen der letzten Jahre etwa 3-4 Mrd.€ Brennstoff (Steinkohle und Gas), Kosten für CO_2-Zertifikate und Kernbrennelementesteuer.
- Insgesamt bewegten sich die Gewinneinbußen durch die Energiewende 2015 in einer Größenordnung von mindestens ca. 6 Mrd.€ pro Jahr.

Es ist nachvollziehbar, dass diese Entwicklung einerseits zu erheblichen Konsequenzen in den betroffenen Unternehmen – allen voran RWE, E.ON, EnBW und Vattenfall – geführt hat und aktuell weiter führt, andererseits auch zu massiven Klagen und Vorwürfen an die Energiewende. Der Frage, inwieweit diese Klagen und Vorwürfe wirklich als berechtigt angesehen werden können, werden wir im vierten Teil des Buches nachgehen.

Fazit

Die aus der Struktur der Energiewende im ersten Teil des Buches abgeleiteten systemischen Folgen bzgl. der konventionellen Kraftwerke und deren Betreiber zeigen sich bereits im Jahr 2015 in aller Deutlichkeit:

- Die Gaskraftwerke (ohne KWK) haben keinen Platz mehr im Markt; sie sind für die Versorgung Deutschlands mit Strom nicht mehr erforderlich.
- Dies führt einerseits dazu, dass diese Kraftwerke betriebswirtschaftlich weitgehend abzuschreiben sind; andererseits führt es dazu, dass der Strompreis an der Strombörse EEX in den letzten Jahren ca. 10 €/MWh niedriger lag als ohne Energiewende.
- Nicht in diesem Jahrzehnt, aber in der ersten Hälfte des nächsten Jahrzehnts könnten Neubauten konventioneller Kraftwerke erforderlich werden. In jedem Fall sollten Stilllegungen von Kraftwerken – insbesondere von Steinkohlekraftwerken – in größerem Umfang vermieden werden, um die Versorgungssicherheit in Deutschland nicht zu gefährden.
- Dazu sind weiterentwickelte Marktregeln für die konventionelle Stromerzeugung in Deutschland erforderlich (jedenfalls sofern die Rahmenbedingung „Systemkonformität/marktwirtschaftliche Ordnung der Stromerzeugung" aufrechterhalten wird). Dies ist durch das neue Strommarkt-Gesetz vom Sommer 2016 geschehen; ob das Gesetz auf längere Sicht ausreicht, ist aber sowohl unter Experten als auch in der Energiebranche umstritten. (Wie in Kap. 7 ausgeführt, ist es jetzt aber wichtiger, diese Entscheidung gut und konsequent umzusetzen, als weiter über sie zu debattieren).
- Die Betreiber der konventionellen Kraftwerke – vor allem RWE, E.ON, EnBW, Vattenfall, aber auch einzelne Stadt-

werke – haben energiewendebedingt aktuell massive Gewinnrückgänge (Größenordnung: ca. 6 Mrd.€ pro Jahr) im Geschäftsfeld „Stromerzeugung" zu verzeichnen. Dies ist eine unvermeidliche Folge der Energiewende und war dem Grunde nach zu erwarten. Alles spricht dafür, dass sich diese Situation mindestens bis 2020 nicht deutlich verändern wird.

14

Zusammenfassung

Blicken wir am Ende dieses zweiten Teils noch einmal zurück, so kann man die Ausgangsfrage, wo wir heute bezüglich der Energiewende stehen (Status quo 2015), zusammenfassend so beantworten:

1. Die **Ziele** der Energiewende – d. h. die vorgesehenen Meilensteine bei Abschaltung der Kernkraftwerke, Ausbau der EE und Steigerung der Stromeffizienz – wurden vollständig erreicht, beim Ausbau der EE sogar übertroffen.
2. Auch die **Motive** der Energiewende wurden dementsprechend befördert. Insbesondere sind die CO_2-Emissionen aus der Stromerzeugung – richtig betrachtet – deutlich gesunken. Zwar lagen sie in 2015 noch etwas höher als anvisiert, aber
    - das ist kein Fehler der Energiewende, sondern eine unmittelbare Folge der marktwirtschaftlichen Ordnung in der konventionellen Stromerzeugung im Zusam-

menspiel mit den Weltmarktpreisen für Steinkohle und Erdgas – und war deshalb eigentlich vorhersehbar.
- das bedeutet nicht, dass das zentrale Motiv einer weitgehend CO_2-freien („dekarbonisierten") Stromversorgung im Jahr 2050 in Gefahr wäre.

3. Ob bzw. inwieweit die **Rahmenbedingungen** – Versorgungssicherheit, Kosteneffizienz, Marktwirtschaft in der Stromerzeugung – bei der bisherigen Umsetzung der Energiewende eingehalten worden sind, ist Gegenstand vieler und kontroverser Diskussionen. Das ist insofern nicht überraschend, als die Energiewende in einem unvermeidlichen Spannungsverhältnis zu allen drei Rahmenbedingungen steht (vgl. Kap. 7); d. h. es wäre eine falsche Erwartungshaltung zu glauben, diese Rahmenbedingungen blieben von der Energiewende unberührt.

Die *Fakten* sagen jedoch, dass die Rahmenbedingungen Versorgungssicherheit und „Marktwirtschaft" – über das unvermeidliche, in der Konzeption der Energiewende liegende Maß hinaus – nicht oder nur wenig eingeschränkt worden sind; sie können als weitgehend eingehalten gelten. Die Fakten sagen freilich auch, dass die Rahmenbedingung Kosteneffizienz bisher *nicht* eingehalten wurde: 20 %, wohl sogar 25 % der bisher aufgelaufenen Kosten der Energiewende wären vermeidbar gewesen – und es handelt sich dabei um erhebliche Beträge in der Größenordnung von 100 Mrd.€. Auch die Entscheidung zum Vorrang der Erdverkabelung beim überregionalen Netzausbau wird zu unnötig hohen Kosten führen.

Dies impliziert eine klare Aufforderung an die Politik, die Rahmenbedingung Kosteneffizienz in der Zukunft – nicht nur verbal – deutlich stärker zu berücksichtigen.

4. Die **systemischen Folgen** der Energiewende sind ohne Ausnahme bereits klar sichtbar, prägen in nicht unerheblichem Umfang schon die energiewirtschaftliche Realität in Deutschland und haben bereits zu heftigen Kontroversen zwischen verschiedenen Akteuren und der Politik und auch innerhalb der Politik geführt. Dies war – denn auch das ist eine systemische Folge – im Prinzip zu erwarten; und es handelt sich jedenfalls zum Teil auch um das bei einem solch komplexen Projekt unvermeidliche und respektable Ringen um den besten Weg zur Umsetzung der Energiewende.
Es wird aber auch bereits jetzt – nach nur fünf Jahren, also eigentlich in der Anfangsphase des Projektes – deutlich, dass die Energiewende klarer politischer Führung bedarf, die den Mut hat, ihre Prinzipien gegen eine Vielzahl von Partikularinteressen durchzusetzen.

> **Insgesamt kann man sagen:**
>
> Die Energiewende ist gut auf Kurs, aber sie ist bisher unnötig teuer gewesen; und es bedarf kluger und standhafter Politik, um sie zu vernünftigen Kosten auf Kurs zu halten.

Angesichts dieses Fazits und auch angesichts der Bedeutung, die das Thema „Kosten der Energiewende" sowohl für ihr Ansehen in der Gesellschaft als auch für ihre internationale Reputation einnimmt, liegt es nahe, dieses Thema noch einmal näher zu beleuchten, und zwar mit der Frage: „Wie teuer ist die Energiewende eigentlich, und wie sind diese Kosten zu bewerten?"
Dieser Frage ist der dritte Teil des Buches gewidmet.

Dritter Teil

Energiewende – was kostet sie wirklich?

Ein volkswirtschaftlicher Blick

15
Einführung

Bedeutung der Kosten

Dieser dritte Teil des Buches ist den volkswirtschaftlichen Kosten der Energiewende gewidmet. Wir haben einige wichtige konzeptionelle Aspekte in diesem Zusammenhang bereits im zweiten Teil beim Status der Rahmenbedingung Wirtschaftlichkeit/ Kosteneffizienz (Kap. 12, Abschn. „Rahmenbedingung 2: Wirtschaftlichkeit/Kosteneffizienz") besprochen. Es wird hilfreich sein, diese Überlegungen hier noch einmal kurz zusammenzufassen:

1. Die Frage der Kosten ist für die Energiewende zweifellos von zentraler Bedeutung, und das aus zweierlei Gründen:
   - Zum einen sind die Kosten ein Thema, an dem der gesellschaftliche Konsens zur Energiewende zerbrechen, d. h. an dem die Energiewende im Ganzen scheitern könnte.

- Zum anderen dürfte es in erster Linie die Kostenfrage sein, von der die internationale Beurteilung der Energiewende abhängt – und damit die Chance, dass sie – zumindest in Teilen – Nachahmer findet und so erst wirklich relevante Wirkungen für die Klimaproblematik entfaltet.
2. Beim Thema „Kosten der Energiewende" muss man unterscheiden zwischen den *Kosten*, die auf volkswirtschaftlicher Ebene durch die Energiewende entstehen, und der *Verteilung dieser Kosten* innerhalb der Volkswirtschaft, also den Mechanismen, mit deren Hilfe diese Kosten von einzelnen Akteuren der Volkswirtschaft bezahlt werden.
Letzteres ist naheliegenderweise für die Akzeptanz der Energiewende, also für den gesellschaftlichen Konsens von großer Bedeutung, ist aber eigentlich keine energiepolitische Frage. *Ersteres* ist wesentlich für eine neutrale Sicht und insbesondere auch für den oben genannten internationalen Blick auf die Energiewende.

Drei Phasen

Für diesen dritten Teil werden wir das Gesamtprojekt Energiewende in **drei Phasen** unterteilen:

- Die erste Phase vom Beginn des systematischen Ausbaus der EE durch das EEG (und dem ersten Ausstiegsbeschluss bezüglich der Kernkraftwerke) bis zur grundlegenden Reform des EEG im Jahr 2014, d. h. die Phase 2000–2014;
- die zweite Phase 2015–2030;
- die dritte Phase 2030–2050.

Diese Phasen machen planmäßig jeweils einen Ausbau der EE von ca. 130–140 TWh aus. Damit markieren sie jeweils ca. ein Drittel des insgesamt in dieser Zeitspanne geplanten Ausbaus der EE von ca. 400 TWh – von ca. 30 TWh EE-Stromproduktion im Jahr 1999 auf ca. 430 TWh geplante EE-Stromproduktion im Jahr 2050 (Szenario 2011 A).

Die Kosten der ersten Phase stehen weitgehend fest, lassen sich also recht verlässlich beurteilen. Die Kosten der zweiten Phase können immerhin abgeschätzt werden (auf der Basis heutiger Verhältnisse) und lassen damit wichtige qualitative Aussagen zu. Über die Kosten der dritten Phase kann man demgegenüber heute nur spekulieren – so wie man über den Zustand und die Verhältnisse innerhalb der deutschen Volkswirtschaft im Jahr 2030 oder danach nur spekulieren kann.

Zur Methodik

Zur besseren Einordnung dieses Teils des Buches noch einige Vorbemerkungen zur Methodik:

- Es geht uns hier nicht um eine komplette Analyse bzw. Darstellung aller volkswirtschaftlichen Effekte der Energiewende – wir beschränken uns auf die *unmittelbaren* Kosten bzw. die *unmittelbaren* Finanzströme, die durch den Ausbau der EE in Deutschland entstehen. Effekte auf das Steueraufkommen, auf die Beschäftigung in Deutschland (und damit gegebenenfalls auf die Sozialsysteme) etc. bleiben unberücksichtigt.
- Ebenso unberücksichtigt bleiben die Kosten aus der Abwicklung der Kernenergie (Stilllegung und Abbau der Kernkraftwerke, Endlagerung der radioaktiven Abfälle) – und zwar aus der Überlegung heraus, dass diese Kosten ja ohnehin (d. h. auch bei anderen energiepolitischen Grun-

dentscheidungen) entstehen würden und insofern der Energiewende nicht zugerechnet werden können.
- Die Zahlen bzgl. der ersten Phase sind ohne die Effekte aus den Ende 2014 bereits existierenden Wind(off)-Anlagen (ca. 1 GW) zu verstehen, da dies aus einer Reihe von Gründen konzeptionell sinnvoll – Wind(off) spielt in dieser ersten Phase nur eine sehr untergeordnete Rolle – und methodisch deutlich einfacher ist.
- Wir verwenden ausschließlich öffentlich zugängliche und damit für jeden nachvollziehbare Daten.
- Wie im gesamten Buch werden wir Zahlen großzügig runden, um den Leser nicht mit zu vielen Details zu belasten und die wesentlichen Strukturen möglichst deutlich hervortreten zu lassen; daher sind alle Daten mit einer Genauigkeit von ca. ±5 % zu verstehen.

Warnung an den Leser

Dieser Teil des Buches ist recht „zahlenlastig" und relativ komprimiert geschrieben. Für den Leser, der primär an qualitativen, konzeptionellen Aspekten interessiert ist, dürfte es ausreichen, sich auf die Lektüre von Kapitel 19 zu beschränken: Dort fassen wir die wesentlichen Ergebnisse und Aussagen dieses dritten Teils noch einmal zusammen.

Hintergrund: Mechanismus des Erneuerbare-Energien-Gesetzes (EEG)

Die wichtigste Grundlage für die folgenden Analysen sind die Finanzströme, die durch das EEG gesetzlich definiert und reguliert werden. Daher wollen wir kurz die wesentlichen Mechanismen des EEG vereinfacht darstellen.

EE-Anlagen – insbesondere PV-Anlagen, Windkraftanlagen (onshore und offshore) und Biomasseanlagen – waren und sind auf absehbare Zeit *nicht wirtschaftlich* in dem Sinne, dass der Marktwert des Stroms aus diesen Anlagen bei Weitem nicht ausreicht, um die Kapitalkosten (= Abschreibung auf die Investitionskosten, Fremdkapitalzinsen und Eigenkapitalverzinsung) zu decken.

Diese EE-Anlagen wurden und werden daher in aller Regel nur gebaut, wenn die Investoren *Fördermittel* erhalten. Das EEG garantiert diese Fördermittel in der Weise, dass jede EE-Anlage 20 Jahre lang für jede in der Anlage produzierte Kilowattstunde Strom einen festen, in diesem Zeitraum nicht veränderlichen (also z. B. nicht mit der Inflation dynamisierten) Betrag in Cent pro Kilowattstunde erhält.

Beispiel:
Wenn jemand heute eine Windkraftanlage von 3 MW baut und Ende 2016 in Betrieb nimmt, dann erhält er (vereinfacht dargestellt) 20 Jahre lang eine feste Vergütung von ca. 7,5 Cent für jede von der Anlage produzierte Kilowattstunde. Wenn diese Anlage also im Jahr durchschnittlich 5 GWh Strom produziert, erhält der Investor 20 Jahre lang jedes Jahr ca. 375.000 €, von 2017 bis 2036 also insgesamt ca. 7,5 Mio.€.

Obwohl es sich um gesetzlich festgelegte (Förder-)Zahlungen, – d. h. um „Subventionen" – handelt, kommt dieses Geld nicht von einer staatlichen Stelle, sondern laut EEG von den Netzbetreibern – letztlich von den Übertragungsnetzbetreibern (ÜNB), die den sogenannten „**EEG-Topf**" verwalten. Sie nehmen den Strom von den Anlagen ab und zahlen dafür die oben genannten Fördermittel aus. Auf diese Weise werden aus dem „EEG-Topf" des Jahres 2016 (mit einem Volumen von ca. 28 Mrd.€) sowohl EE-Anlagen bezahlt/gefördert, die zum Beispiel im Jahr 2005 gebaut wurden (im elften Förderjahr von 20 Jahren insgesamt), aber auch EE Anlagen, die 2015 gebaut wurden (im ersten von 20 Förderjahren).

Woher kommt das Geld für den EEG-Topf? Ein kleinerer Teil dieses Geldes kommt daher, dass die ÜNB den Strom am Strommarkt weiterverkaufen – in 2015 nahmen sie so gut 5 Mrd.€ ein. Der Großteil des Geldes – d. h. die Differenz zwischen den Förderzahlungen für den Strom aus EE-Anlagen und dem Marktwert dieses Stroms, die sogenannten „**Differenzkosten**" – wird von den Stromverbrauchern in Deutschland bezahlt. Die ÜNB prognostizieren jedes Jahr – unter staatlicher Aufsicht – die Differenzkosten für das folgende Kalenderjahr und legen diese Summe auf den relevanten Stromverbrauch in Deutschland um. Daraus ergibt sich die sogenannte „**EEG-Umlage**", d. h. ein Wert in Cent pro Kilowattstunde, den jeder Stromverbraucher in Deutschland (mit Ausnahme der energieintensiven Industrie, die aus Gründen der internationalen Wettbewerbsfähigkeit von der Umlage weitgehend befreit ist) mit seiner Stromrechnung zu bezahlen hat.

Im Jahr 2016 beträgt diese EEG-Umlage 6,35 Cent pro Kilowattstunde. Ein typischer deutscher Haushalt mit einem Verbrauch von 3000 kWh pro Jahr zahlt 2016 also etwa

(3000 × 0,0635 € =) 190 € in den EEG-Topf ein; und ein typisches, nicht energieintensives Wirtschaftsunternehmen mit einem Stromverbrauch von 10 Mio.kWh pro Jahr zahlt 2015 einen Betrag von 635.000 € in den EEG-Topf. Insgesamt fließen durch die Stromverbraucher auf diese Weise 2016 ca. 23 Mrd.€ in den EEG-Topf.

Eigentlich handelt es sich beim EEG-Topf um eine Art *Nebenhaushalt* zum Bundeshaushalt: Bürger und Unternehmen zahlen (zwar keine EEG-Steuer, aber) eine EEG-Umlage in diesen Haushalt ein, und die Betreiber der EE-Anlagen erhalten aus diesem Haushalt (nicht von einer staatlichen Stelle, aber staatlich garantiert und überwacht) Geld – eben EEG-Subventionen –, damit sich ihre Investition betriebswirtschaftlich rentiert.

Wir werden im Folgenden die „Differenzkosten", also die von den Stromkunden in den EEG-Topf zu zahlenden Gelder als **„volkswirtschaftliche Kosten der Energiewende"** bezeichnen. Denn sie sind auf den Ausbau der EE zurückzuführende, auf volkswirtschaftlicher Ebene anfallende und von den volkswirtschaftlichen Akteuren – vornehmlich Haushalte und Unternehmen – zu bezahlende Kosten.

16

Phase 1 der Energiewende (2000–2014)

Kosten

Die Fakten

1. In den Jahren 2000–2014 wurden ca. 80 GW EE zugebaut (38 GW PV, 34 GW Wind(on), 7 GW Biomasse), die ca. 140 TWh/a Strom produzieren (ca. 35 TWh PV, 55 TWh Wind, 50 TWh Biomasse).
2. Diese Anlagen haben Investitionen von ca. 170 Mrd.€ erfordert. Im Durchschnitt der 15 Jahre (2000–2014) waren das ca. 11 Mrd.€ pro Jahr.
3. Die volkswirtschaftlichen Kosten für diese Anlagen, d. h. die im Rahmen des EEG-Mechanismus erforderlichen (Netto-)Subventionen (die „Differenzkosten“), betragen voraussichtlich ca. 400 Mrd.€. Sie fallen an in den Jahren 2000–2034.

© Springer-Verlag Berlin Heidelberg 2016

T. Unnerstall, *Faktencheck Energiewende*, DOI 10.1007/978-3-662-49777-7_16

Der Subventionsmechanismus des EEG ist dabei nicht mit der Inflationsrate dynamisiert; d. h. der reale Wert der Subventionen (der sogenannte Barwert) wird – je nach Inflationsrate in den nächsten 20 Jahren – mehr oder weniger deutlich geringer sein.

Von diesen 400 Mrd.€ sind ca. 100 Mrd.€ bereits bezahlt (2000–2014), weitere ca. 300 Mrd.€ sind in den Jahren 2015–2034 zu bezahlen.

4. Diese 400 Mrd.€ werden in folgender Weise verwendet:
   – ca. 170 Mrd.€ werden für die Rückzahlung der Investitionen (d. h. für die Abschreibungen) verwendet.
   – ca. 170 Mrd.€ gehen in die Finanzierung der Investitionen, d. h. in die Fremdkapitalzinsen und die Renditen der Investoren.

   Legt man eine durchschnittliche Finanzierungsstruktur von 70 % Fremdkapital zu 30 % Eigenkapital zugrunde und nimmt als durchschnittlichen Zinssatz für das Fremdkapital 4 % an, so teilen sich diese 170 Mrd.€ auf in ca. 60 Mrd.€ für Fremdkapitalzinsen und ca. 110 Mrd.€ für die Renditen der Investoren auf das investierte Eigenkapital von ca. 50 Mrd.€.

   – Die laufenden Kosten der EE-Anlagen erfordern über den gesamten Zeitraum (2000-2034) ca. 150-160 Mrd.€: 90-100 Mrd.€ gehen in Wartung und Instandhaltung, Betriebsführung, Versicherungen, Pachten für die erforderlichen Flächen; ca. 60 Mrd.€ kosten – auf der Basis der Preise der letzten Jahre - die erforderlichen Brennstoffe (Biogas, Holz) für die Biomasseanlagen. Diese laufenden Kosten werden mit voraussichtlich – d. h. wiederum abgeschätzt auf Basis der Preise der letzten Jahre - 90-100 Mrd.€ von den Verkaufserlösen der 140 TWh EE-Strom an der Strombörse getragen. Die verbleibenden ca. 60 Mrd.€ werden von den o. g. 400 Mrd.€ getragen.

5. Für das Jahr 2015 stellten sich die Verhältnisse (vereinfacht dargestellt) wie folgt dar:
Die Investoren der 80 GW EE-Anlagen erhielten Zahlungen von ca. 25 Mrd.€, die wie folgt verwendet wurden:
   - 3 Mrd.€ für Biomassebrennstoffe,
   - 5 Mrd.€ für die laufenden Betriebskosten der EE-Anlagen,
   - 8,5 Mrd.€ für die Abschreibung der Investitionen,
   - 3 Mrd.€ für Fremdkapitalzinsen,
   - 5,5 Mrd.€ für die Renditen der Investoren.

Finanziert wurden diese Subventionszahlungen durch den Verkauf des produzierten Stroms an der Strombörse (ca. 5 Mrd.€) und durch die letztendlich erforderlichen (Netto-)Subventionen – die laut EEG-Finanzierungsmechanismus von den Stromverbrauchern per EEG-Umlage bezahlt wurden – von ca. 20 Mrd.€.

(Die 2015 tatsächlich von den Stromverbrauchern zu bezahlenden Subventionen (d. h. die EEG-Umlage) lagen mit ca. 22 Mrd. € etwas höher. Ursächlich dafür war vor allem, dass die Wind(off)-Anlagen bereits Mittel erforderten).

6. Die 20 Mrd.€ Kosten in 2015 für die Phase 1 der Energiewende wurden wie folgt in der Volkswirtschaft verteilt (entsprechend dem Stromverbrauch dieser Gruppen):
   - 7 Mrd.€ wurden von den privaten Haushalten bezahlt,
   - 6 Mrd.€ von der Industrie (= produzierendes Gewerbe),
   - 4 Mrd.€ vom Wirtschaftssektor Handel/Dienstleistungen,

– 3 Mrd.€ von den anderen Stromverbrauchern (öffentliche Hand, Verkehr, Landwirtschaft).

Die Bewertung

1. Volkswirtschaft

Schaut man auf diese Zahl von ca. 400 Mrd.€ Kosten allein für die erste Phase der Energiewende, kann man sicherlich auf den ersten Blick Aussagen wie „Die Energiewende ist unfassbar teuer" gut nachvollziehen.

Es ist aber lehrreich, die genannten Zahlen in den Kontext der deutschen Volkswirtschaft insgesamt zu stellen:

- Die 170 Mrd.€ Investitionen – im Durchschnitt ca. 11 Mrd.€ pro Jahr – machten einen Anteil von ca. 2,3 % an den gesamten Bruttoanlageinvestitionen in Deutschland in diesem Zeitraum 2000–2014 von 7400 Mrd.€ (d. h. etwa 500 Mrd.€ pro Jahr) aus.
- Die in diesem Zeitraum bezahlten ca. 100 Mrd.€ an Subventionen machten einen Anteil von durchschnittlich 0,3 % am Bruttosozialprodukt aus; aktuell sind es ca. 0,7 %.
- Die 20 Mrd.€ aktuelle Kosten für die Phase 1 der Energiewende machten 2015 etwa 9 % der gesamten Energiekosten für die Energieverbraucher (Haushalte/Wirtschaft/Sonstige) von etwa 230 Mrd.€ aus.

2. Privathaushalte

Blickt man in einem zweiten Schritt auf die ca. 7 Mrd.€ (netto), die aktuell und in den nächsten Jahren von den **Privathaushalten** für die Phase 1 der Energiewende zu bezahlen sind, so sind folgende Aspekte wesentlich:

16 Phase 1 der Energiewende (2000–2014)

- Zunächst ist festzuhalten, dass gleichzeitig – wie im zweiten Teil des Buches besprochen – die Haushalte energiewendebedingt ca. 1 Cent pro Kilowattstunde weniger für den Strom bezahlen. Auf der anderen Seite muss man aber auch den durch die Phase 1 bereits erfolgten regionalen und überregionalen Netzausbau berücksichtigen, der in Form höherer Netznutzungsentgelte zu bezahlen ist, sowie die weiteren energiewendebedingten Umlagen. Insgesamt liegt dann die Nettobelastung für die deutschen Haushalte aktuell bei ca. 6,5 Mrd.€ pro Jahr. Sie wird durch den im Zuge der Phase 1 noch erforderlichen überregionalen Netzausbau auf wiederum ca. 7 Mrd.€ steigen.
- 7 Mrd.€ pro Jahr bedeuten (inkl. der darauf entfallenden Mehrwertsteuer) etwa 0,5 % der Konsumausgaben der privaten Haushalte von aktuell ca. 1600 Mrd.€ pro Jahr.
- Einige Positionen dieser jährlichen Konsumausgaben zum Vergleich:
  - ca. 150 Mrd.€ für Freizeit/Unterhaltung;
  - ca. 140 Mrd.€ für Energie (Strom, Wärme, Verkehr);
  - ca. 23 Mrd.€ für alkoholische Getränke;
  - ca. 22 Mrd.€ für Tabakwaren.
- 7 Mrd.€ bedeuten (inkl. Mehrwertsteuer) ca. 200 € pro Jahr für einen durchschnittlichen deutschen Haushalt. Dies ist in etwa dieselbe Größenordnung wie eine Verteuerung des Benzins für das Auto von 0,25 € pro Liter.
- Ein letzter Vergleich: Allein in 2015 sind die Reallöhne der Privathaushalte gegenüber 2014 um über 40 Mrd. € gestiegen.

> **Fazit**
>
> Angesichts dieser Zahlen kann man sicherlich nicht davon sprechen, dass die Kosten der Energiewende für die deutschen Haushalte „zu hoch" seien oder dass „die Belastungsgrenze erreicht" sei. Vielmehr fallen für die deutschen Haushalte insgesamt die Kosten durch die Energiewende kaum ins Gewicht.

Das heißt ausdrücklich *nicht*, dass die Energiewende-Kosten nicht für eine signifikante Zahl von Haushalten tatsächlich eine spürbare Zusatzbelastung darstellt; dies betrifft jedoch – wie im zweiten Teil besprochen – den Aspekt der *Verteilung* der Kosten auf einzelne (Gruppen von) Akteure innerhalb der Volkswirtschaft und ist damit keine energiepolitische, sondern eine sozialpolitische Frage.

Schließlich heißt dieses Fazit natürlich auch *nicht*, dass Kosteneffizienz in der Energiewende nicht wichtig wäre – diesen Aspekt haben wir ausführlich im zweiten Teil besprochen und er bleibt gültig.

3. Wirtschaft

Die aktuelle Belastung für die **deutsche Wirtschaft** durch die Phase 1 der Energiewende beträgt etwa 10 Mrd.€ pro Jahr. Davon entfallen ca. 6 Mrd.€ auf die (nicht energieintensive) Industrie – die in aller Regel im internationalen Wettbewerb steht – und ca. 4 Mrd.€ auf den Sektor Handel/Dienstleistungen, der in aller Regel nicht im internationalen Wettbewerb steht. Die energieintensive Industrie (Chemie, Stahl, Metallerzeugung, Papier u. a.) ist von der EEG-Umlage weitgehend befreit und daher durch die Energiewende bisher nicht belastet.

Betrachtet man insbesondere die Industrie, so kann man festhalten:

- Auch hier ist der Effekt der Energiewende auf die Strompreise selbst, die Netzentgelte etc. zu berücksichtigen; die Nettobelastung der Industrie liegt dann aktuell insgesamt bei ca. 5,5 Mrd.€ pro Jahr, mittelfristig steigend auf ca. 6 Mrd.€.
- Der Bruttoproduktionswert (in etwa = Umsatz) des produzierenden Gewerbes (ohne energieintensive Industrie) liegt aktuell bei ca. 1500 Mrd.€; die Energiewende-Kosten belasten die nicht energieintensive Industrie also in einer Größenordnung von 0,4 % des Bruttoproduktionswertes.
- Die Personalkosten dieser Betriebe liegen bei ca. 20 % des Bruttoproduktionswertes. Mit anderen Worten: Ein einziger Tarifabschluss von 2 % führt etwa zu einer ähnlichen Belastung für die Industrie wie die aktuellen Kosten durch die Energiewende.

> **Fazit**
>
> Angesichts dieser Zahlen wird man auch in Bezug auf die Industrie allgemein nicht davon sprechen können, dass die Energiewende die Betriebe über Gebühr belastet oder die Wettbewerbsfähigkeit der Betriebe im internationalen Vergleich gefährdet.

Auch hier gilt freilich: Dies ist eine *pauschale Aussage* und ist *nicht* auf jeden Einzelfall übertragbar. Insbesondere für einzelne Betriebe oder auch für Branchen, deren Energiekosten deutlich höher als der Durchschnitt über alle Branchen von 2 % des Umsatzes liegen, die aber dennoch nicht unter die Definition von „energieintensiv" fallen und daher nicht von der EEG-Umlage befreit sind, kann die Energiewende durchaus zu einer Beeinträchtigung der internationalen Wettbewerbsfähigkeit führen. Die Aussage ist hier aber die, dass dies die *Ausnahme, nicht die Regel* darstellt.

Volkswirtschaftliche Effekte nach außen

Nachdem wir im ersten Schritt die unmittelbare Belastung der wesentlichen volkswirtschaftlichen Akteure betrachtet und beurteilt haben, wollen wir im zweiten Schritt die Frage stellen, inwieweit die Phase 1 der Energiewende das Verhältnis der deutschen Volkswirtschaft zu den anderen Volkswirtschaften beeinflusst, d. h. ob sie die **Leistungsbilanz der Volkswirtschaft** in spürbarer Weise ändert.

Die Fakten

- Von den 170 Mrd.€ Investitionen für die im Zeitraum 2000–2014 gebauten EE-Anlagen sind schätzungsweise 20-35 % (= 40–60 Mrd.€) ins Ausland geflossen; d. h., 20-35 % der Biomasse-, PV- und Windanlagen wurden importiert.
- Im gleichen Zeitraum haben deutsche Firmen (genauer: in Deutschland produzierende Firmen) im Bereich EE-Anlagenbau – deren wirtschaftliche Entwicklung wohl größtenteils der Energiewende zugerechnet werden kann – PV- und Windanlagen in ähnlichem Umfang exportiert. Mit anderen Worten: Wie verschiedene Studien nahelegen, lagen die Umsätze deutscher PV- und Windanlagenfirmen

16 Phase 1 der Energiewende (2000–2014)

im Zeitraum 2000–2014 mindestens in der gleichen Größenordnung wie die Investitionen in diese Anlagen innerhalb Deutschlands.

Damit sind die Effekte der Energiewende auf die Außenhandelsbilanz bezüglich der EE-Anlagen selbst praktisch null, in jedem Fall – bei einem Export-Import-Volumen von ca. 1000 Mrd.€ pro Jahr – aber sehr moderat.

- Betrachtet man die durch die Phase 1 bedingten Finanzströme an die Investoren der EE-Anlagen im Jahr 2015, gibt es einen Netto-Finanzstrom an die Investoren von ca. 17 Mrd.€ gemäß folgender Rechnung : 25 Mrd.€ EEG-Zahlungen minus Biomassekosten (diese Mittel bleiben ja im Inland) minus laufende Betriebskosten (auch diese Gelder bleiben größtenteils im Inland).

Studien zufolge kommen nur max. 10-15 % der Investoren aus dem Ausland. Dies entspricht einem Finanzstrom aus der Volkswirtschaft heraus von 2–2,5 Mrd.€ in 2015.

- Schließlich ist zu berücksichtigen, dass durch die in der Phase 1 aufgebaute Produktion von 140 TWh EE-Strom sowie durch die um ca. 1,1 % höhere Steigerungsrate bei der Stromeffizienz Energieimporte aus dem Ausland vermieden werden.

Um diese grob zu quantifizieren, ist es sinnvoll, anhand des konventionellen Kraftwerksparks in den Jahren 2000–2010 das Szenario ohne Energiewende der Situation mit der Phase 1 der Energiewende gegenüberzustellen (ohne mögliche Exporte von Strom; Tab. 16.1).

Diese Zahlen bedeuten: Die bis 2014 zugebauten 140 TWh EE-Strom und die erhöhte Steigerungsrate der Stromeffizienz verdrängen etwa 75 TWh Kernenergiestrom, etwa 65 TWh Steinkohlestrom und etwa 30 TWh Erdgasstrom.

Tab. 16.1 Strommix mit und ohne die Phase 1 der Energiewende (in TWh)

	Ohne Energiewende	Mit Phase 1 der Energiewende
Kernenergie	165	90
Braunkohle	155	155
Steinkohle	160	95
Erdgas	90	60
EE	30	170
Sonstige	30	30
Gesamt	**630**	**600**

Abschätzung auf Basis der Verhältnisse 2014/2015; ohne Stromexporte.

Damit werden nach den Preisen der letzten Jahre ca. 1,1 Mrd.€ an Kohleimporten (ca. 20 Mio.t Kohle) und ca. 1,4 Mrd.€ an Erdgasimporten (ca. 60 TWh Erdgas) vermieden, d. h. ca. 2,5 Mrd.€ an Energieimporten (die Uranimporte fallen kaum ins Gewicht).

(Am Rande: Hätte Deutschland den Weg „EE-Ausbau und Stromeffizienzerhöhung ohne Abschaltung der Kernkraftwerke" gewählt, so wären ca. 30 TWh Strom aus Erdgas und 140 TWh Strom aus Steinkohle verdrängt und damit ca. 3,7 Mrd.€ an Rohstoffimporten vermieden worden).

Die Bewertung

> **Bewertung**
> - In der Gesamtsicht – EE-Anlagen, Finanzströme an Investoren, Energieimporte – wird deutlich, dass die Energiewende in den Jahren 2000–2014 und aktuell keinen nennenswerten Einfluss auf die Leistungsbilanz der deutschen Volkswirtschaft hatte bzw. hat.
> - Export und Import von EE-Anlagen halten sich in etwa die Waage, und Zahlungen an ausländische Produzenten von Steinkohle und Erdgas im Umfang von 2–3 Mrd.€ pro Jahr werden in etwa ersetzt durch Finanzströme an ausländische Investoren in EE-Anlagen.

Volkswirtschaftliche Effekte nach innen

Wir haben im vorangehenden Abschnitt gesehen, dass die Leistungsbilanz der deutschen Volkswirtschaft von der Energiewende bisher praktisch unberührt geblieben ist: Positive und negative Effekte gleichen sich weitgehend aus. Innerhalb der Volkswirtschaft führt die Energiewende dagegen zu nicht unerheblichen Umverteilungseffekten. Diesem Thema ist dieser Abschnitt gewidmet.

Die Fakten

Nehmen wir in einem **ersten Schritt** den reinen EE-Anlagenbau inklusive Fremdkapitalzinsen (ca. 11,5 Mrd.€) aus der Betrachtung heraus, so ergaben sich 2015 folgende wesentlichen internen Effekte aus der ersten Phase der Energiewende:

- Die EE-Anlagen-Investoren nahmen ca. 13,5 Mrd.€ ein und gaben davon ca. 3 Mrd.€ für Biomassebrennstoffe und 5 Mrd.€ für den laufenden Betrieb der EE-Anlagen aus.
- Die Stromverbraucher zahlten – neben den zu leistenden 11,5 Mrd.€ für die EE-Anlagen und deren (Fremd-)Finanzierung – nach Abzug der positiven Strompreiseffekte ca. 5–6 Mrd.€.
- Die Betreiber der konventionellen Kraftwerke (die Energieversorgungsunternehmen) erhielten ca. 9 Mrd.€ weniger an Stromerlösen und sparten im Gegenzug ca. 3-4 Mrd.€ an Kohle, Erdgas, CO_2-Kosten und Kernbrennstoffsteuer (vgl. Kap. 13, Abschn. „Folgen für den konventionellen Kraftwerkspark und für die etablierte Energiewirtschaft").

Gruppiert man die wesentlichen positiven und negativen Finanzströme, so ergibt sich folgendes Bild:

−2,5 Mrd.€ für Produzenten von Steinkohle, Erdgas
−5–6 Mrd.€ für Stromverbraucher
−5–6 Mrd.€ für Betreiber konventioneller Kraftwerke
+3 Mrd.€ für Biomasseproduzenten,
+5 Mrd.€ für Betriebsführer von EE-Anlagen, Verpächter von Flächen, Versicherer etc.,
+5,5 Mrd.€ für Renditen der EE-Anlagenbetreiber.

Die Bewertung

> **Bewertung**
>
> Aus dieser Aufstellung werden die wichtigsten *Umverteilungseffekte der Phase 1 der Energiewende* deutlich:
> - Die (ausländischen) fossilen Rohstoffe Steinkohle und Erdgas werden durch (inländische) Biomasserohstoffe ersetzt.
> - Renditen aus dem Energiegeschäft in der Größenordnung von 5–6 Mrd. € pro Jahr werden umverteilt: von den Betreibern konventioneller Kraftwerke zu den Betreibern von EE-Kraftwerken.

In gewisser Weise handelt es sich hierbei um einen völlig normalen Vorgang, wenn eine Technologie (konventionelle Kraftwerke) durch eine neue Technologie (EE-Kraftwerke) ersetzt wird. Anders formuliert: Es handelt sich um einen *Strukturwandel in der Wirtschaft*, bei dem es – wie bei jedem Strukturwandel – *Gewinner und Verlierer* gibt. Die Größenordnung dieser Umverteilungen ist in jedem Fall moderat, d. h., sie bewegt sich im Promillebereich des BIP bzw. der großen Finanzströme innerhalb der Volkswirtschaft.

Bemerkenswert ist jedoch – und daher doch ungewöhnlich –, dass es sich hierbei nicht um eine im Kern *technologisch* getriebene Entwicklung handelt (d. h. eine Entwicklung, die binnenwirtschaftlicher Natur ist), sondern um eine *politisch* getriebene Entwicklung.

Insbesondere für die großen Unternehmen, die die konventionellen Kraftwerke in Deutschland betreiben – also die Verlierer dieses Strukturwandels –, handelt es sich zweifellos um einen tiefen Einschnitt mit sehr deutlichen Rückgängen der betriebswirtschaftlichen Ergebnisse. Diese Unternehmen haben den „Energiewende-Effekt" in den letzten Jahren zwar zum Teil kompensieren können: Sie haben in den Kraftwerken (im Wesentlichen den Steinkohlekraftwerken), die durch Inlandsnachfrage weniger ausgelastet waren, vermehrt Strom für den Export produziert, im Umfang von im Saldo ca. 50 TWh (2015); aber dies ändert das Gesamtbild nicht signifikant.

Im zweiten Schritt innerhalb dieses Gedankengangs bleibt die Frage, wie im volkswirtschaftlichen Gesamtbild die aktuell ca. 11,5 Mrd.€ pro Jahr – bzw., auf die Gesamtlaufzeit geschätzt, die ca. 230 Mrd.€ insgesamt – zu beurteilen sind, die für die Finanzierung der in der ersten Energiewende-Phase gebauten EE-Anlagen erforderlich sind (Investitionskosten plus Fremdkapitalzinsen).

Die zugrunde liegenden Investitionen von 170 Mrd.€ wurden ja 2000 bis 2014 von den Investoren der EE-Anlagen (Eigenkapital = ca. 50 Mrd.€) und den Banken (Fremdkapital = ca. 120 Mrd.€) vorfinanziert und müssen innerhalb der Volkswirtschaft zurückgezahlt werden. Im EEG-Finanzierungsmechanismus werden diese Mittel von den Stromverbrauchern aufgebracht.

Wir haben bereits gesehen, dass diese Investitionen im Saldo innerhalb der Volkswirtschaft geblieben sind: Etwas plakativ formuliert, wurden damit die Umsätze der in Deutschland produzierenden PV-, Wind- und Biomasseanlagenbauer bezahlt.

Die Kernfrage ist dann wohl folgende: Was wäre mit diesen Geldern passiert, hätte es die Energiewende und insbesondere das EEG nicht gegeben? Wie hätten die Investoren und die Banken diese Mittel verwendet? Wären sie investiert worden in andere Anlagen? In Wertpapiere?

Es liegt wohl auf der Hand, dass diese Frage methodisch gesichert nicht zu beantworten ist.

Klar ist: Mit der Energiewende ist dieses Geld in einen Zweck geflossen, der wichtige gesellschaftliche Motive in Deutschland erfüllt. Man kann natürlich fragen: Wäre es möglich, wäre es sogar sinnvoller gewesen, mit demselben Aufwand *andere* wichtige gesellschaftliche Motive zu erfüllen wie Bildung, Gesundheit, innere Sicherheit? Eine solche Fragestellung liegt jedoch außerhalb des Rahmens dieses Buches.

Hier können wir allenfalls die Frage stellen: Wäre es möglich, wäre es sogar sinnvoller gewesen, mit demselben Aufwand *andere Investitionen in CO_2-arme Technologien außerhalb des Stromsektors* zu tätigen, etwa im Wärmesektor oder im Verkehrssektor?

Zugespitzt formuliert: Wenn man als gegeben annimmt, dass die deutsche Gesellschaft aktiv Klimaschutz ohne Kernenergie im eigenen Land betreiben will und bereit ist, dafür erhebliche interne Mittel zur Verfügung zu stellen – wurden diese Mittel in dieser ersten Phase der Energiewende effizient eingesetzt oder hätte man mit demselben Aufwand deutlich höhere CO_2-Effekte erzielen können?

Dieser Frage wollen wir uns im letzten Abschnitt dieses Kapitels kurz zuwenden.

CO_2-Effizienz

Die Fakten

Die erste Phase der Energiewende verursacht Kosten von voraussichtlich ca. 400 Mrd.€, und durch diese Phase 1 werden ca. 60 Mio.t CO_2-Emissionen pro Jahr für 20 bis 25 Jahre

(Lebensdauer der EE-Anlagen) vermieden. Die CO_2-Vermeidungskosten dieser ersten Phase der Energiewende liegen also bei 300 €/t.

Die Bewertung

Auf der einen Seite ist klar, dass CO_2-Vermeidungskosten von 300 € pro Tonne CO_2 sehr hoch sind. Es gibt viele Studien zu CO_2-Vermeidungspotenzialen in Deutschland, in denen diese Potenziale nach den jeweilgen Vermeidungskosten klassifiziert sind, und das Ergebnis ist einhellig: Viele mögliche Maßnahmen – insbesondere solche, die auf eine Erhöhung der Energieeffizienz im Wärmesektor und im Verkehrssektor abzielen – sind viel günstiger, d. h. haben deutlich niedrigere CO_2-Vermeidungskosten.

So kam etwa die sehr breit angelegte BDI-Studie „Kosten und Potenziale der Vermeidung von Treibhausgasemissionen in Deutschland" aus dem Jahr 2007 zu dem Ergebnis, dass sich die deutschen CO_2-Emissionen um 130–150 Mio.t CO_2 mit CO_2-Vermeidungskosten von unter 20 € pro Tonne CO_2 senken lassen; viele davon sind sogar wirtschaftlich, d. h. verursachen keinerlei Kosten bzw. benötigen keine volkswirtschaftlichen Subventionen. Die Studie zeigt freilich auch, dass die Hebung *weiterer* größerer CO_2-Vermeidungspotenziale insbesondere im Verkehrssektor und im Wärmesektor dann sehr hohe Kosten (> 300 €/t CO_2) verursacht.

Vor diesem Hintergrund liegt die Frage nahe, warum diese sehr günstigen Möglichkeiten zur CO_2-Senkung nicht (stärker) genutzt werden. Wir können auf diese Frage hier aus Platzgründen nicht näher eingehen; daher werden wir uns mit zwei Bemerkungen begnügen:

16 Phase 1 der Energiewende (2000–2014)

- Die zentrale Schwierigkeit bei diesem Potenzial ist, dass es hier um eine Vielzahl unterschiedlichster Technologien – Produktionstechnologien in der Industrie, Verkehrstechnologien, Technologien im Gebäudebereich – geht, die von einer Vielzahl von Akteuren eingesetzt werden müssen. Hierfür politische Instrumente/Anreizprogramme zu schaffen, ist ungleich komplexer und schwieriger als die Förderung der beiden Technologien PV und Windkraft im Rahmen des EEG.
- Dennoch sollte diese Aufgabe von politischer Seite mit deutlich mehr Konsequenz und Aufmerksamkeit verfolgt werden als in den letzten Jahren geschehen.

Auf der anderen Seite und unabhängig davon muss man Folgendes konstatieren:

- Ausgehend von etwa 800–850 Mio.t CO_2-Emissionen in 2010/2011 müssen zum Erreichen des Zielzustandes – ca. 200 Mio.t CO_2 in 2050 (= 80 % Reduktion gegenüber 1990) – CO_2-Emissionen im Umfang von 600–650 Mio.t reduziert werden.
- Selbst wenn die oben genannten technischen Potenziale zu 100 % umgesetzt werden würden – was ein großer politischer Erfolg wäre –, wären damit nur maximal 150 Mio.t CO_2 vermieden.
- Mit anderen Worten: Zur Erreichung der Gesamtreduktion von 80 % reichen Energieeffizienzmaßnahmen und reichen der Wärmesektor und der Verkehrssektor *nicht* aus. Es ist ganz unabdingbar, dass auch der Stromsektor mit seinen ca. 305 Mio.t CO_2 in 2010 einen entscheidenden Beitrag leistet.

Wenn dies aber so ist, wenn die Energiewende im Stromsektor unverzichtbar zur Erreichung des zentralen politischen Motivs „Senkung der CO_2-Emissionen" ist, dann sollte die Frage nach maximaler CO_2-Effizienz von Investitionen im Kern nicht lauten:

„Wäre es klüger gewesen bzw. wäre es für die Zukunft klüger, *statt* der Energiewende im Strom lieber die Energiewende im Wärmesektor und im Verkehrssektor voranzutreiben?"

Sondern die Frage muss (jedenfalls auch) lauten:

„Wie kann man die Energiewende im Stromsektor möglichst kosteneffizient umsetzen?"

Diese Thematik haben wir im zweiten Teil bereits ausführlich diskutiert.

> **Fazit**
>
> Das Thema Kosteneffizienz bei der politischen Umsetzung des Motivs „Senkung der CO_2-Emissionen" lässt sich *nicht* dadurch lösen, dass man nur in die Energieeffizienz oder schwerpunktmäßig in den Verkehrssektor und in den Wärmesektor investiert; (auch) im Stromsektor müssen die CO_2-Emissionen drastisch reduziert werden.
> Damit kommt der Kosteneffizienz der Energiewende im Stromsektor in jedem Fall eine entscheidende Bedeutung zu.

17

Phase 2 der Energiewende (2015–2030)

In der zweiten Phase der Energiewende werden wiederum 130 TWh EE-Strom neu in das deutsche Energiesystem kommen; am Ende der zweiten Phase sollen etwa 300 TWh pro Jahr, d. h. mindestens 50 % des in Deutschland produzierten Stroms (ohne mögliche Stromexporte), aus EE stammen.

In den Zielsetzungen der Bundesregierung soll dieser Wert um das Jahr 2030 herum erreicht werden. In den aktuellen Planungen ist für den Zubau in diesen 15 Jahren ein Verhältnis der EE-Arten von etwa 30 GW Wind(on), 20 GW PV und 15 GW Wind(off) anvisiert.

Zusätzlich ist Folgendes zu berücksichtigen: In diesem Zeitraum bis 2030 wird – je nach technischer Lebensdauer der Windkraft- und Biomasseanlagen sowie je nach (technischen) Möglichkeiten zur Verlängerung dieser Lebensdauer bzw. zum wirtschaftlichen Betrieb dieser Anlagen ohne EEG-Förderung – eine erhebliche Anzahl der in den Jahren 2000 bis 2010 gebauten EE-Anlagen ihren Betrieb einstellen.

Wir schätzen, dass auf diese Weise 40–60 TWh EE-Strom „der ersten Generation" wegfallen wird, d. h. ersetzt werden muss. Aus heutiger Sicht wird dieser Ersatz im Wesentlichen mit ca. 10 GW PV und mit ca. 20 GW Wind(on) geschehen.

Kosten

Daten

Legt man diese Verhältnisse zugrunde, so kann man folgende Kosten (nach heutigen bzw. heute abschätzbaren durchschnittlichen EEG-Vergütungen in ct/kWh) abschätzen:

1. EEG-Vergütungen an Investoren pro Jahr:
   - 30 TWh PV × 8–9 ct/kWh = 2,4–2,7 Mrd.€,
   - 90 TWh Wind(on) × 7 ct/kWh = 6,3 Mrd.€,
   - 60 TWh Wind(off) × 10–11 ct/kWh = 6,0–6,6 Mrd.€,

   also zusammen 15–16 Mrd.€.

   Damit werden für die Phase 2 insgesamt etwa 300–320 Mrd.€ an EEG-Vergütungen erforderlich sein, aufgeteilt voraussichtlich auf (grob geschätzt)
   - 130–140 Mrd.€ an Investitionen,
   - 90–100 Mrd.€ an Verzinsungen (entsprechend einer durchschnittlichen Projektrendite von etwa 6 %),
   - 80 Mrd.€ laufende Kosten für die EE-Anlagen.

2. Hiervon ist der Wert des produzierten Stroms abzuziehen, der bei den Strompreisen der letzten Jahre bei ca. 4–5 Mrd.€ pro Jahr, extrapoliert also bei 80–100 Mrd.€ insgesamt liegt.

3. Dies bedeutet:

> **Gesamtkosten**
>
> Die Gesamtkosten der zweiten Phase der Energiewende – d. h. die erforderlichen (Netto-)Subventionen für die EE-Anlagen – liegen voraussichtlich in der Größenordnung von 200–250 Mrd.€. Das bedeutet: Die Phase 2 wird deutlich günstiger als die Phase 1.

4. Man könnte in dieser zweiten Phase weiterhin berücksichtigen, dass durch den Ausbau der EE andernfalls erforderliche Neubauten von konventionellen Kraftwerken im Umfang von schätzungsweise 10–20 GW bzw. von etwa 10–20 Mrd.€ vermieden werden. Auf der anderen Seite werden durch die Phase 2 wiederum Investitionen in den Netzausbau sowohl in den Verteilnetzen (v. a. für den Anschluss der EE-Anlagen) als auch in den Übertragungsnetzen (v. a. für den Transport von Windstrom von Norden nach Süden und für die Anbindung der Wind(off)-Anlagen) erforderlich sein, die in einer Größenordnung von 30–40 Mrd.€ liegen dürften. Insgesamt kommen so voraussichtlich noch einmal (Netto-)Kosten im Bereich von etwa 2 Mrd.€ pro Jahr hinzu. Dennoch wird die Aussage „deutlich günstigere Kosten" durch diese Aspekte nicht wesentlich geändert.

Beurteilung

- Die (Netto-)Subventionen von insgesamt ca. 200–250 Mrd.€ werden – geht man auch für die Zukunft von EEG-ähnlichen Mechanismen für die EE-Anlagen-Investoren aus – über den Zeitraum 2015 bis 2050 anfallen, d. h. über 35 Jahre (vergleiche Phase 1: 2000–2034). Im Durch-

schnitt kostet die Phase 2 also ca. 6–7 Mrd.€ pro Jahr. Geht man von jährlichen nominalen Steigerungsraten von 0–2 % für das Bruttoinlandsprodukt aus, so bedeuten diese Kosten einen durchschnittlichen Anteil von ca. 0,15–0,2 % am BIP.
- Die jährliche Belastung der Stromverbraucher durch Phase 2 – wiederum unterstellt, der Mechanismus zur Verteilung der Kosten innerhalb der Volkswirtschaft bleibt im Kern erhalten – wird (aufgrund der hohen Anfangsvergütung bei der Windkraft) bis etwa 2025 relativ schnell auf einen Wert von ca. 15 Mrd.€ pro Jahr steigen und dann nach 2030 wieder deutlich sinken.
- Man kann relativ gut abschätzen, wie sich bis 2030 die **Gesamtbelastung** der Stromverbraucher durch die Energiewende (**Phase 1 und Phase 2**) entwickeln wird:

Die erforderlichen (Netto-)Subventionen und damit die EEG-Umlage dürften bis etwa 2025 weiter steigen auf einen Wert von ca. 27–29 Mrd.€ pro Jahr (d. h. auf 7,5–8,5 Cent pro Kilowattstunde EEG-Umlage) und ab dann wieder sinken.

Für die Privathaushalte bedeutet das eine Belastung durch die EEG-Umlage von im Maximum etwa 10 Mrd.€ pro Jahr (bzw. 12 Mrd.€ inkl. Mehrwertsteuer, d. h. ca. 300 € pro Haushalt).

Für die Industrie ist eine Belastung von nicht über 8 Mrd.€ pro Jahr zu erwarten.

Fazit

- Die volkswirtschaftlichen Kosten der Phase 2 der Energiewende bis ca. 2030 werden mit voraussichtlich etwa 200–250 Mrd.€ insgesamt deutlich günstiger ausfallen als die Kosten der Phase 1.

- Dies führt dazu, dass die jährliche Belastung der Stromverbraucher durch die EEG-Umlage in den nächsten zehn Jahren (bis etwa 2025) nur moderat weiter steigen wird auf einen Wert von 7,5–8,5 ct/kWh (von heute 6,35 ct/kWh).
- Alle qualitativen Aussagen bezüglich der Phase 1 bleiben also erhalten: Für die Haushalte insgesamt bedeutet dies jedenfalls bis 2030 keine unzumutbare Belastung, und eine signifikante Beeinträchtigung der Wettbewerbsfähigkeit der deutschen nicht energieintensiven Industrie ist auch für die Zukunft nicht zu erwarten.
- Dies gilt auch dann, wenn man die zusätzlichen Netzkosten durch den erforderlichen Netzausbau berücksichtigt, die von den Stromverbrauchern zu bezahlen sein werden.

Volkswirtschaftliche Effekte nach außen

Wir können uns hier kurz fassen: Angesichts der Tatsache, dass

- in der Phase 2 etwa 9 Mrd.€ pro Jahr in EE-Anlagen investiert werden,
- bereits heute allein die in Deutschland produzierenden Unternehmen der Windanlagen-Industrie einen Umsatz von über 10 Mrd.€ pro Jahr verzeichnen,

sind keine nennenswerten negativen Auswirkungen auf die Außenhandelsbilanz der deutschen Volkswirtschaft durch die während der nächsten 15 Jahre erfolgenden Investitionen in EE-Anlagen in Deutschland zu erwarten.

Tab. 17.1 Strommix im Vergleich Ende Phase 1 zu Ende Phase 2 (2030), ohne Stromexporte (in TWh)

	Ende Phase 1 (2014/2015)	Ende Phase 2 (2030), Prognose
Kernenergie	90	0
Braunkohle	155	140
Steinkohle	95	0
Gas (v. a. KWK)	60	80
EE	170	300
Sonstige	30	30
Gesamt	**600**	**550**

Vergleichen wir als Nächstes den Strommix am Ende der Phase 1 mit dem aus heutiger Sicht zu erwartenden Strommix im Jahr 2030 (Ende Phase 2), so ergibt sich das Bild in Tab. 17.1.

Das heißt: Die zusätzlichen 130 TWh EE-Strom werden (die verbleibenden) 90 TWh Atomstrom und 40 TWh Kohlestrom verdrängen. Außerdem soll die Stromproduktion (für die Inlandsnachfrage) aufgrund der zunehmenden Stromeffizienz ca. 50 TWh niedriger liegen als 2014/2015.

Im Ergebnis bedeutet das: Die Energiewende führt – immer vorausgesetzt, die Rahmenbedingung „Marktwirtschaft bei der Stromerzeugung" wird weitgehend erfüllt (d. h. die Kraftwerke werden nach der Merit Order (variable Kosten) eingesetzt; insbesondere gibt es keine (weiteren) politischen Eingriffe zur Reduzierung der Braunkohleverstromung) – dazu, **dass im Jahr 2030 auch die Steinkohlekraftwerke nicht mehr für die Stromversorgung Deutschlands gebraucht werden.**

Dies bedeutet vermiedene Kohleimporte von ca. 25 Mio.t/a mit einem Wert – nach den Preisen der letzten Jahre – von ca. 1,4 Mrd.€/a.

Schauen wir als Letztes auf anzunehmende Finanzströme an ausländische Investoren, so gehen wir von einem erhöhten Anteil ausländischer Investoren bei den EE-Anlagen von 20-25 % aus. Da der Netto-Finanzstrom an die Investoren in die EE-Anlagen der Phase 2 bei durchschnittlich ca. 11 Mrd.€ pro Jahr liegen wird, ist dann ein Finanzstrom aus der Volkswirtschaft heraus von ca. 2-3 Mrd.€ zu erwarten.

> **Fazit**
>
> Auch durch die Phase 2 der Energiewende sind keine nennenswerten (negativen) Effekte auf die Leistungsbilanz der deutschen Volkswirtschaft zu erwarten.

Volkswirtschaftliche Effekte nach innen

Auf diese Effekte wollen wir hier nicht mehr detaillierter eingehen. Klar ist, dass auch diese Effekte in eine ähnliche Richtung gehen wie in Phase 1. Bezüglich der erforderlichen 130 Mrd.€ – bzw. rund 170 Mrd.€ (inklusive der notwendigen Fremdkapitalzinsen) – investive Mittel kann man auch hier die Frage nach alternativen Verwendungen stellen. Dazu verweisen wir auf das Kap. 16, Abschn. „Volkswirtschaftliche Effekte nach innen".

CO_2-Effizienz

Die spezifischen Kosten der CO_2-Vermeidung sind in dieser Phase 2 deutlich niedriger als in der Phase 1. Zum einen sind die Kosten für die weiteren 130 TWh EE-Strom deutlich geringer; zum anderen haben wir gesehen (Tab. 17.1), dass der CO_2-intensive Kohlestrom von 2014 bis 2030 um 110 TWh abnimmt. Damit liegen die eingesparten CO_2-Emissionen bei ca. 70 Mio.t und die CO_2-Vermeidungskosten in der Größenordnung von 150 €/t.

Zusammenfassung

Blicken wir am Ende dieses Kapitels noch einmal insgesamt auf die Phase 2 der Energiewende in den weitgehend noch vor uns liegenden 15 Jahren bis 2030, so kann man – bei allen Unwägbarkeiten bezüglich der Zukunft und bei vollem Bewusstsein, wie schwer es ist, Entwicklungen über einen so langen Zeitraum vorherzusagen – festhalten:

1. Die volkswirtschaftlichen Kosten dieser zweiten Phase werden sehr deutlich unter denen der ersten liegen, abgeschätzt auf Basis heutiger Kosten für EE-Strom bzw. – im Wind(off)-Bereich – auf der Basis heute erwartbarer Kostendegressionen.
Unsere Einschätzung ist, dass die Kostendegression bei PV- und Wind(on)-Strom ebenfalls weitergehen, d. h. die Realität bezüglich der Kosten der EE-Anlagen selbst eher noch positiver aussehen wird. Auf der anderen Seite gibt es Unwägbarkeiten mit gegebenenfalls höheren Kosten beim Netzausbau. In Summe halten wir die Größenord-

nung „nicht mehr als 2/3 der Kosten der Phase 1" für eine belastbare Abschätzung.
2. Die Belastung für die Stromverbraucher – gleiche Finanzierungsmechanismen für die Energiewende auch in diesem Zeitraum vorausgesetzt – wird sich durch die EEG-Umlage noch mal erhöhen, aber gegenüber heute nur in einer Größenordnung von 1,5–2 Cent pro Kilowattstunde (d. h. maximal plus 30 %).
3. Negative Effekte auf die Leistungsbilanz der deutschen Volkswirtschaft sind auch in dieser zweiten Phase mit einiger Sicherheit nicht zu erwarten.
4. Auch in der zweiten Phase sind die Betreiber der konventionellen Kraftwerke die „Hauptverlierer" des Energiewende-Strukturwandels. (Diese Unternehmen haben freilich alle Chancen, auch an den positiven Effekten zu partizipieren.)
5. Die beiden wesentlichen Motive der Energiewende – Senkung der CO_2-Emissionen und Senkung der Abhängigkeit von fossilen Energieträgern/Energieimporten – werden in ähnlichem Umfang erfüllt wie in Phase 1: Ca. 70 Mio.t CO_2 und 25 Mio.t Kohleimporte fallen ab 2030 jedes Jahr weg (70 Mio.t CO_2 = 23 % der strombedingten CO_2-Emissionen im Jahr 2010; 25 Mio.t Kohle = 8-9 % der gesamten Energieimporte des Jahres 2015).
6. Insgesamt – Phase 1 und 2 zusammengenommen – werden die jährlichen CO_2-Emissionen aus der Stromerzeugung gegenüber dem „Vor-Energiewende-Niveau" (2000) von ca. 330 Mio.t um 130 Mio.t zurückgegangen sein auf ca. 200 Mio.t. Dies entspricht einer Reduzierung um ca. 40 %. Zum Vergleich: Das Zwischenziel der Bundesregierung für das Jahr 2030 in Bezug auf die gesamten Treibhausgasemissionen bedeutet eine Reduzierung gegenüber 2000 um etwa 47 %.

Tab. 17.2 Strommix im Jahr 2030 ohne Kernenergieausstieg (in TWh)

Kernenergie	140
Kohle	0
Gas (v. a. KWK)	80
EE	300
Sonstige	30
Gesamt	**550**

Anmerkung
An dieser Stelle wollen wir einmal einen Blick werfen auf folgendes Szenario: **EE-Ausbau und Steigerung der Stromeffizienz ohne Ausstieg aus der Kernenergie.**

Der Strommix im Jahr 2030 sähe dann etwa so aus wie in Tab. 17.2 dargestellt.

Die jährlichen CO_2-Emissionen wären in diesem Szenario statt um 130 Mio.t um ca. 280 Mio.t zurückgegangen. Und der Zielzustand von ca. 50 Mio.t CO_2-Emissionen aus der Stromerzeugung wäre bereits erreicht(!).

Andersherum betrachtet: Um den gleichen CO_2-Effekt von 130 Mio.t Reduktion im Jahr 2030 zu erreichen, hätte es bei Beibehaltung der Kernenergienutzung ausgereicht, die EE-Stromproduktion auf 150 TWh (statt auf 300 TWh im realen Szenario) auszubauen; die Kosten dafür hätten bei ansonsten gleichen Umständen in einer Größenordnung von etwa 300 Mrd.€ (statt 600–650 Mrd.€ = Phase 1 + Phase 2) gelegen.

Mit anderen Worten: Betrachtet man (nur) die unmittelbaren finanziellen Implikationen, so hat der in Deutschland verfolgte, besonders ambitionierte Weg der gleichzeitigen Verfolgung der beiden zentralen Motive der Energiewende

- Ausstieg aus der Kernenergie und
- Senkung der CO_2-Emissionen

tatsächlich einen hohen Preis.

Aber die deutsche Gesellschaft hat sich so entschieden, und in der Tat wird die Ära der Kernkraftwerke in der Phase 2 der Energiewende beendet: Etwa in der Mitte dieser Phase wird planmäßig das letzte Kernkraftwerk in Deutschland abgeschaltet.

18

Phase 3 der Energiewende (2030–2050)

Wir haben bereits in der Einleitung zu diesem dritten Teil des Buches gesagt, dass über die Phase 3 der Energiewende 2030 aus volkswirtschaftlicher Sicht keine belastbaren Aussagen getroffen werden können, und zwar aus **drei Gründen:**

1. Kostenabschätzungen für den Bau von EE-Anlagen über einen so langen Zeitraum sind nicht vernünftig möglich.
2. Die dritte Phase wird sich qualitativ deutlich von Phase 1 und 2 unterscheiden:
   – Es müssen wiederum (mindestens) ca. 130 TWh EE-Stromproduktion hinzugebaut werden; der Mix aus PV, Wind(on), Wind(off) und gegebenenfalls neuen Technologien ist aber heute noch nicht vorhersehbar. Zusätzlich sollen ab 2030 EE-Mengen aus den Nachbarländern importiert werden, langsam zunehmend bis auf 60 TWh in 2050.

- Vor allem aber kommen ab 2030 die systemischen Folgen aus der zeitlichen Volatilität der EE-Stromproduktion voll zum Tragen: Es müssen Speicher gebaut, Austauschmöglichkeiten mit dem Ausland erweitert, DSM-Maßnahmen durchgeführt und zusätzliche Stromanwendungen in größerem Stil – auch für den Verkehrs- und den Wärmesektor – installiert werden. Die Kosten hierfür und die weiteren volkswirtschaftlichen Implikationen hieraus sind heute nicht abschätzbar.
- Zudem rückt ab 2030 eine weitere wichtige Fragestellung in den Blick: Bisher wird die technische Lebensdauer der EE-Anlagen PV und Wind(on) auf 20, eventuell 25 Jahre geschätzt. Das heißt, ab 2030 erreichen die meisten der in der Phase 1 gebauten EE-Anlagen das Ende ihrer technischen Lebensdauer. Kann diese Lebensdauer eventuell mit geeigneten Maßnahmen verlängert werden? Was kosten Ersatzanlagen?
- Schließlich wird ein weiterer wichtiger energiewirtschaftlicher Meilenstein in diese Phase fallen (wenn er nicht im nächsten Jahrzehnt bereits aus politischen Motiven vorzeitig erzwungen wird): das Ende der Braunkohlenutzung in Deutschland – mit wiederum nicht unerheblichen Folgen innerhalb der Volkswirtschaft.

3. Auch andere wesentliche Parameter, die zu einer zumindest groben Einschätzung aus volkswirtschaftlicher Sicht notwendig wären, können heute einfach nicht – auch nicht der Tendenz nach – eingeschätzt werden: Weltmarktpreise für Kohle und Erdgas; Anteile ausländischer Investoren im EE-Bereich; Kapitalkosten; Situation der deutschen Unternehmen im EE-Sektor u. v. m.

Aus diesen Gründen werden hier über volkswirtschaftliche Effekte dieser dritten Phase keine Aussagen gemacht.

Immerhin ist aber eines klar: Da die Abschaltung der Kernkraftwerke ja bereits in Phase 2 abgeschlossen wurde, wird der EE-Ausbau in dieser dritten Phase zu 100 % zulasten der fossilen Kraftwerke gehen. Das bedeutet: Die CO_2-Emissionen werden in Phase 3 viel schneller zurückgehen als in der ersten und zweiten Phase – planmäßig um 150–170 Mio.t.

19
Zusammenfassung

Fassen wir den dritten Teil des Buches noch einmal zusammen, d. h., ziehen wir ein kurzes Fazit aus der Betrachtung wesentlicher (nicht aller) volkswirtschaftlichen Effekte der Energiewende.

- Die Energiewende im Strombereich ist auf den ersten Blick teuer: Allein bis 2030 – also bis zu dem Meilenstein, an dem mindestens 50 % des Stroms in Deutschland aus EE-Anlagen kommen sollen – sind ca. 300 Mrd.€ Investitionen in EE-Anlagen erforderlich; von Beginn (2000) des EE-Ausbaus an sind das im Schnitt ca. 10 Mrd.€ pro Jahr.
- Zum Vergleich:
  - Gemessen an den gesamten (Brutto-)Anlageinvestitionen in Deutschland von etwa 500 Mrd.€ pro Jahr machen die Energiewende-Investitionen einen Anteil von ca. 2 % aus.

- Die privaten Geldvermögen in Deutschland (also in gewisser Weise die für Investitionen/Geldanlagen zur Verfügung stehenden privaten Mittel) liegen in der Größenordnung von 5000 Mrd.€. Würde die Energiewende komplett von diesen privaten Geldvermögen finanziert, so wären dafür ca. 100 Mrd.€ (bei einer Finanzierungsstruktur 30 % EK zu 70 % FK), d. h. 2 % erforderlich.
- Durch diese Investitionen in EE-Anlagen werden bis 2030 (Netto-)Subventionen bzw. Subventionsverpflichtungen von voraussichtlich 600–650 Mrd.€ entstanden sein (wir haben im zweiten Teil des Buches gesehen, dass davon etwa 100 Mrd.€ vermeidbar gewesen wären). Damit werden neben den Investitionen die Fremdkapitalzinsen, die laufenden Kosten der Anlagen sowie – als wesentlicher Faktor – die (bis jetzt recht hohen) Renditen für die Investoren finanziert.
- Der Großteil dieser Kosten (= ca. 500 Mrd.€) ist im Zeitraum 2010 bis 2035 zu bezahlen mit durchschnittlich ca. 20 Mrd.€ pro Jahr; der Peak ist um das Jahr 2025 herum zu erwarten mit knapp 30 Mrd.€ pro Jahr.
- Diese 600–650 Mrd.€ bleiben im Kern in Deutschland, führen also *nicht* zu einer veränderten Leistungsbilanz der deutschen Volkswirtschaft nach außen.
- Die Energiewende führt jedoch zu spürbaren Umverteilungen bzw. zu veränderten Finanzströmen *innerhalb* der Volkswirtschaft. Plakativ gesprochen: Es gibt Gewinner und Verlierer dieses tief greifenden Strukturwandels der Energiewirtschaft.

Auch diese Umverteilungen bewegen sich allerdings nur in einer Größenordnung von weniger als 1 % der gesamten Finanzströme in der Volkswirtschaft. Lediglich für einzelne Akteure – vor allem für die Betreiber der konventionellen

Kraftwerke – kommt es zu signifikanten Änderungen ihrer wirtschaftlichen Situation.
- Die durchschnittliche Belastung der Volkswirtschaft (2010–2035) durch den Bau der EE-Anlagen von etwa 20 Mrd.€/a wird auf der einen Seite gemindert durch die strompreissenkenden Effekte der Energiewende, die 2015 etwa 4–5 Mrd.€/a (ca. 1 ct/kWh) ausmachten. Auf der anderen Seite wird die Belastung erhöht durch den erforderlichen Netzausbau: Hier werden bis 2030 Investitionen von ca. 60–70 Milliarden € erforderlich sein, was dann zu jährlichen zusätzlichen Netzkosten (Netznutzungsentgelten für die Stromverbraucher) in der Größenordnung von etwa 6 Mrd.€/a führen wird.
- Die durchschnittliche Belastung von etwa 20 Mrd.€ pro Jahr und damit – nach gegenwärtiger Verteilung der Kosten in der Volkswirtschaft – von ca. 7 Mrd.€/a für die Privathaushalte und 6 Mrd.€/a für die Industrie (sowie ca. 4 Mrd.€/a für den Wirtschaftssektor Handel/Dienstleistungen und 3 Mrd.€/a für öffentliche Hand/Verkehr/Landwirtschaft) führt pauschal gesprochen weder zu einer spürbaren Beeinträchtigung der wirtschaftlichen Möglichkeiten für die Privathaushalte noch zu Beeinträchtigungen der Wettbewerbsfähigkeit der deutschen Wirtschaft.
Die Belastung für die Energieverbraucher durch die seit 2000 deutlich gestiegenen Weltmarktpreise für Kohle, Erdöl und Erdgas lag in den letzten Jahren mit ca. 60 Mrd.€ pro Jahr deutlich höher.
- Die Erfüllung des wichtigsten Motivs der Energiewende, die Senkung der CO_2-Emissionen (hier: der CO_2-Emissionen der Stromerzeugung), geht trotz der substanziellen Kosten bis 2030 nur relativ langsam voran; der Grund dafür ist vor allem der gleichzeitige Ausstieg aus der CO_2-

freien Kernenergie. Es gibt aber keinen Grund, heute am Erreichen des diesbezüglichen Gesamtzieles – 80 % weniger CO_2-Emissionen in der Stromerzeugung bis 2050 – zu zweifeln.

Vierter Teil

Energiewende – bequeme und unbequeme Wahrheiten

Antworten auf die zehn wichtigsten aktuellen Fragen

Das zentrale Anliegen dieses Buches ist es, **Transparenz über die Energiewende** in Bezug auf den Strombereich zu schaffen: Transparenz über die Ziele, Motive und energiepolitischen Grundsätze, die der Energiewende zugrunde liegen; Transparenz darüber, wo die Energiewende heute objektiv steht; und Transparenz über die wichtigsten volkswirtschaftlichen Effekte der Energiewende. Unser Ziel war es dementsprechend bis hierher, die wesentlichen Fakten und die zentralen Argumente im Zusammenhang mit der Energiewende zusammenzutragen, in eine klare Struktur zu bringen, und – soweit eindeutig möglich – weitergehende Schlussfolgerungen und Aussagen daraus abzuleiten.

In diesem letzten Teil des Buches wollen wir die nun gelegte Basis – diese Fakten, Argumente und Schlussfolgerungen – nutzen, um die wichtigsten aktuellen Diskussionsthemen rund um die Energiewende zu kommentieren, d. h. jene zehn Fragen zu beantworten, die wir in der Einleitung (Kap. 1, Abschn. „Zehn Fragen") aufgeführt haben.

Um unterschiedlichen Zeitbudgets und Bedürfnissen der Leser dieses Buches entgegenzukommen, wollen wir dies je Thema/Fragestellung jeweils in drei Formen tun:

- **mit einem Wort** als Antwort auf die Frage;
- **mit einem Satz** zur Beurteilung des Themas;
- **mit einem Abschnitt** zur ausführlicheren Diskussion der Fragestellung.

Im Wesentlichen verwenden wir dabei, wie gesagt, die Aussagen aus den ersten drei Teilen des Buches. An einzelnen Stellen werden wir aber auch neue Zahlen und Aspekte aufführen, um das Gesamtbild in Bezug auf eine Fragestellung zu komplettieren.

20

10 Antworten

Frage 1: Ist die Energiewende zu teuer für den einzelnen Privathaushalt?

I. Nein.

II. Die privaten Haushalte zahlen aktuell (inkl. Mehrwertsteuer) etwa 10 Mrd.€ pro Jahr, d. h. im Durchschnitt etwa 250 € pro Jahr je Haushalt für die Energiewende; das sind nur ca. 0,6 % der Gesamtausgaben der privaten Haushalte und liegt weit unter Ausgabenpositionen wie Zigaretten, alkoholische Getränke, Kurzreisen.

III. Die Belastung der Privathaushalte in Deutschland durch die Energiewende liegt in 2016 im Saldo bei ca. 10 Mrd.€ pro Jahr (= EEG-Umlage − Strompreis-Vorteil + Netzkosten + kleinere Effekte + Mehrwertsteuer). Sie wird in den nächsten

Jahren weiter steigen, aber aller Voraussicht nach ein Niveau von ca. 13-15 Mrd.€ pro Jahr nicht überschreiten. Dies muss man vergleichen mit z. B. den Ausgaben für Tabakwaren (> 20 Mrd.€ pro Jahr), alkoholische Getränke (> 20 Mrd.€ pro Jahr), Kurzreisen (> 20 Mrd.€ pro Jahr) oder der Steigerung der Reallöhne im Jahr 2015 (> 40 Mrd.€ pro Jahr).

Angesichts dessen und bei einem Anteil von deutlich weniger als 1 % an den Gesamtausgaben der Privathaushalte kann man im Allgemeinen sicher nicht von einer großen oder gar unzumutbaren Belastung sprechen.

Das bedeutet *nicht*, dass für einzelne Bevölkerungsgruppen diese Belastung nicht spürbar wäre – wobei die aktuellen energiewendebedingten Mehrkosten von etwa 20 € pro Monat auch für Hartz IV-Empfänger nur ca. 2 % des durchschnittlichen Hartz IV-Bezuges ausmachen.

Es ist aber berechtigt, an diesem Punkt die Frage nach einer gerechteren Verteilung der durch die Energiewende verursachten volkswirtschaftlichen Kosten zu stellen (Frage 2).

Frage 2: Ist die Energiewende sozial ungerecht?

I. ?

II. **Die Beurteilung dieser Frage hängt sehr stark davon ab, was man als „sozial ungerecht" bezeichnet; klar ist aber: Es wäre möglich und wohl auch sinnvoll, die volkswirtschaftlichen Kosten der Energiewende anders – „sozial gerechter" – zu verteilen.**

III. Die Energiewende ist ein energiepolitisches/gesellschaftliches Projekt, das bestimmte Kosten auf volkswirtschaftlicher Ebene verursacht – in erster Linie durch Subventionen, mit denen der Ausbau der erneuerbaren Energien (EE) in Deutschland gefördert wird.

Wie diese Kosten dann finanziert werden – ob über Steuern, über Umlagen auf den Strompreis, über Fondslösungen – und welche Akteure innerhalb der Volkswirtschaft – einzelne Bevölkerungsgruppen, Wirtschaftszweige etc. – wie stark für diese Finanzierung herangezogen werden, ist eine eigentlich von der Energiewende als solcher *unabhängige* Frage. Und diese Frage ist *keine energiepolitische*, sondern eine finanz-, steuer-, wirtschafts- und eben auch sozialpolitische Frage, die von der Politik entschieden werden muss.

Die aktuelle Finanzierung, die im Wesentlichen über die EEG-Umlage auf den Strompreis erfolgt, hat sicherlich vor allem historische Gründe. Sie führt dazu, dass ...

- die Privathaushalte unabhängig von ihrer wirtschaftlichen Leistungsfähigkeit zur Finanzierung der Energiewende beitragen müssen;
- die (nicht energieintensiven) Unternehmen der Wirtschaft ebenso unabhängig von ihrer wirtschaftlichen Leistungsfähigkeit zur Finanzierung beitragen müssen;
- die Privathaushalte zu etwa 35 %, die Wirtschaft zu etwa 50 % und Sonstige (öffentliche Hand, Verkehr, Landwirtschaft) zu 15 % an der Finanzierung beteiligt sind.

Bei einer gesamtgesellschaftlichen Aufgabe wie der Energiewende wäre eine Finanzierung zum Beispiel über eine steuerbasierte Lösung eigentlich naheliegender und auch „sozial gerechter". Ein „Energiewende-Solidaritätsbeitrag" etwa (auf Einkommenssteuer, Körperschaftsteuer und Gewerbesteuer, mit jeweils unterschiedlichen Prozentsätzen) wäre eine solche Lösung.

Verschärft wird die soziale Fragestellung dadurch, dass nicht wenige der wohlhabenderen Privathaushalte zu den Profiteuren der Energiewende zählen. Sie profitieren davon, dass im Rahmen des EEG-Mechanismus lange Jahre mit der Investition in EE-Anlagen – entweder als PV-Anlage auf dem Dach des Eigenheims oder in Form von Anteilen z. B. an Windgesellschaften – im Durchschnitt relativ hohe Renditen erzielt werden konnten. Diese Renditen werden aber unterschiedslos durch alle Stromverbraucher bezahlt.

Plakativ gesprochen: Die Energiewende führt zu einer Umverteilung unter den privaten Haushalten in Deutschland „von unten nach oben" in einer Größenordnung von 2–3 Mrd.€ pro Jahr.

Schließlich wird man in diesem Zusammenhang aber auch festhalten müssen: Angesichts eines Volumens von ca. 800 Mrd.€ pro Jahr an staatlichen Transferleistungen in Deutschland fällt diese Umverteilung kaum ins Gewicht. Es würde sich auch der Effekt eines „Energiewende-Solidaritätsbeitrages" nur im Promillebereich der gesamten Finanzströme bzgl. der Privathaushalte bewegen. Anders gesagt: Die Frage der „sozial gerechten" Finanzierung der Energiewende stellt im Kontext der gesamten Sozialpolitik in Deutschland nur einen Aspekt unter sehr vielen dar, wenn es um die Vermögens- und Einkommensverteilung geht.

Damit ist Frage 2 für die Akzeptanz der Energiewende in der Bevölkerung von potenziell erheblicher, rein sachlich innerhalb des Gesamtkontextes „Energiewende" aber eher von untergeordneter Bedeutung.

Frage 3: Gefährdet die Energiewende die internationale Wettbewerbsfähigkeit der deutschen Wirtschaft?

I. Nein.

II. Die *nicht energieintensive* Industrie in Deutschland, die in vielen Fällen im internationalen Wettbewerb steht, wird aktuell mit ca. 6 Mrd.€ pro Jahr durch die Energiewende belastet – das sind weniger als 0,5 % vom Umsatz von ca. 1500 Mrd.€; demgegenüber machen etwa die Lohnkosten ca. 20 % aus.

Die Energiekosten der *energieintensiven* Industrie sind durch die Energiewende bisher nicht gestiegen.

III. Von den etwa 22 Mrd.€ pro Jahr Mehrkosten für Strom, die die Energiewende 2016 im Saldo (netto) erfordert, zahlt die Wirtschaft ca. 10 Mrd.€, und zwar im Einzelnen:

- Industrie (= verarbeitendes Gewerbe), nicht energieintensiv: ca. 6 Mrd.€,
- Handel/Dienstleistungen: ca. 4 Mrd.€,
- Industrie, energieintensiv: 0.

Handel/Dienstleistungen stehen in der Regel nicht im internationalen Wettbewerb. Wenn man also die überwiegend im internationalen Wettbewerb stehende – nicht energieintensive – Industrie betrachtet (etwa Maschinenbau, Automobilbau u. a.), dann bedeuten die Mehrkosten durch die Energiewende von ca. 6 Mrd.€ pro Jahr einen Kostenanteil von etwa 0,4 % am Umsatz dieser Industrien von aktuell ca. 1500 Mrd.€ pro Jahr. Diese Kosten sind zwar spürbar, aber man wird – allgemein – nicht davon sprechen können, dass die internationale Wettbewerbsfähigkeit der deutschen Industrie darunter leidet. So bedeutet zum Beispiel eine Lohnerhöhung von ca. 2 % eine Belastung von ca. 6 Mrd.€ pro Jahr und liegt damit in ähnlicher Größenordnung.

Diese allgemeine Aussage bedeutet freilich nicht,

- dass nicht einzelne Betriebe/Wirtschaftszweige, deren Energiekosten deutlich über dem Schnitt von ca. 1,5 % des Umsatzes für die nicht energieintensive Industrie liegen, die aber dennoch nicht als „energieintensiv" im Sinne des EEG (die Energiekosten energieintensiver Unternehmen liegen im Schnitt bei 5–6 % Umsatzes) eingestuft sind, durchaus durch die energiewendebedingten Mehrkosten beeinträchtigt werden. Die Aussage ist nur, dass dies als Einzelfall einzustufen ist.
- dass nicht (für zumindest einzelne vor allem energieintensive Branchen der deutschen Industrie) die deutschen Produktionsstandorte einen signifikanten Standortnachteil (etwa gegenüber den USA) durch die Energiekosten allgemein hätten. Die Aussage ist nur, dass dieser Standortnachteil mit der Energiewende im Kern nichts zu tun hat.

Die Kernaussage – keine signifikante Beeinträchtigung der deutschen Wirtschaft, insbesondere der internationalen Wettbewerbsfähigkeit der Wirtschaft durch die Energiewende – ist aus unserer Sicht eindeutig. Nun wird in diesem Zusammenhang von Wirtschaftsverbänden nicht selten eine Statistik als Argument angeführt, nach der es in der deutschen Industrie insgesamt und insbesondere in der energieintensiven Industrie einen „*schleichenden De-Industrialisierungsprozess*" gibt: Die Anlagen-Investitionen der Industrie in Deutschland sind seit dem Jahr 2000 geringer als die entsprechenden jährlichen Abschreibungen.

Damit diese Statistik überhaupt erst eine Relevanz bezüglich der Energiewende und insbesondere bezüglich unserer Fragestellung entfaltet, wäre natürlich zu zeigen, dass diese Entwicklung tatsächlich durch die Energiekosten – und nicht etwa durch andere Standortfaktoren – begründet ist. So oder so beweisen diese Zahlen jedoch, genauer betrachtet, ohnehin das Gegenteil: Das Defizit der Neuinvestitionen gegenüber den Abschreibungen war nämlich in den Jahren 2000 bis 2010 – als die Energiewende kostenmäßig noch gar nicht spürbar war – eher höher als heute. Also kann der Grund für diese Entwicklung jedenfalls in erster Linie gar nicht an den energiewendebedingten Mehrkosten für die Unternehmen liegen.

Es gibt jedoch bezüglich unserer Fragestellung ein ernst zu nehmendes Argument insbesondere der energieintensiven Industrie, auf das wir abschließend kurz eingehen möchten.

Das Argument lautet: Es sei zwar richtig, dass die energieintensive Industrie bisher und in den nächsten Jahren keine Mehrkosten durch die Energiewende gehabt bzw. zu erwarten habe; dies gelte aber nur so lange und nur in dem Maße, wie diese Industriebranchen tatsächlich von den energiewendebedingten Mehrkosten, vor allem der EEG-Umlage und den Netzentgelten, befreit sei. Genau diese Befreiung sei aber nicht für die längerfristige Zukunft garantiert, unter anderem weil sie ja unter permanenter und kritischer Beobachtung der EU-Kommission stünde. Daher sei es schwierig für die energieintensive Industrie, in deutsche Produktionsstandorte zu investieren.

Kurz gefasst: nicht die finanziellen Belastungen, aber die *mangelnde Verlässlichkeit der energiepolitischen Rahmenbe-*

dingungen in Deutschland führe dazu, dass es durch die Energiewende einen Standortnachteil für deutsche Unternehmen (genauer: für Produktionsstandorte in Deutschland) gebe.

Man kann wahrscheinlich darüber streiten, wie weit dieses Argument wirklich trägt – dies wird wohl von einer Branche zu anderen innerhalb der energieintensiven Industrie unterschiedlich sein –, aber auf jeden Fall weist die darin zum Ausdruck kommende Unsicherheit auf ein ernstes Problem bzw. auf ein wichtiges Desiderat der Energiewende-Politik hin: **die Verlässlichkeit der politischen Rahmenbedingungen. Die Gültigkeit von energiepolitischen Entscheidungen nicht für zwei, sondern für zehn Jahre ist von großer Bedeutung für die Wettbewerbsfähigkeit der Industrie und bei der Wahl von Standorten für zukünftige Investitionsentscheidungen.**

Dies muss in Zukunft besser werden, d. h., die Bundesregierung muss ihre Aussagen in dieser Richtung durch konkretes Handeln untermauern. Und insbesondere gilt: Die Befreiung der deutschen energieintensiven Industrie von den energiewendebedingten Mehrkosten muss (weitgehend) erhalten bleiben.

Frage 4: Sind die Klagen der großen EVU – vor allem E.ON und RWE – berechtigt, dass sie mit ihren konventionellen Kraftwerken kein Geld mehr verdienen?

I. (Im Kern:) Nein.

II. Richtig ist, dass die Betreiber der konventionellen Kraftwerke (inkl. Kernkraftwerke) in Deutschland durch die Energiewende seit etwa 2012 einen zunehmenden Gewinnrückgang in der Größenordnung von aktuell ca. 6 Mrd.€ pro Jahr zu verzeichnen haben. Richtig ist aber auch, dass diese Kraftwerksbetreiber in den Jahren 2005 bis 2012 durch eine andere energiepolitische Entscheidung – die Einführung des europäischen CO_2-Handels – Zusatzgewinne („Windfall Profits") in der Größenordnung von 35 Mrd.€ hatten.

III. Die Energiewende hat zwei wesentliche Effekte auf die konventionelle Stromerzeugung aus Kohle, Gas und Kernkraft:

- Die Anlagen sind weniger ausgelastet: Im Jahr 2015 produzierten sie ca. 145 TWh weniger Strom als ohne Energiewende.
- Die Erlöse pro gelieferter Kilowattstunde lagen durch die Energiewende in den letzten Jahren um ca. 1 Cent/kWh niedriger als ohne Energiewende.

Beide Effekte zusammen führten 2015 zu einem energiewendebedingten Gewinnrückgang von ca. 6 Mrd.€ für die Betreiber der konventionellen Kraftwerke. Zu ca. 80 % sind davon die „großen Vier" – RWE, E.ON, EnBW, Vattenfall – betroffen, zu ca. 20 % einzelne Stadtwerke.

Um diese durchaus signifikante Zahl richtig einzuordnen, muss man aber folgende Aspekte berücksichtigen:

- Die vor 2005 gebauten Kraftwerke – und das sind über 80 % des konventionellen Kraftwerkparks von ca. 90 GW – haben ihre Investitionskosten bereits verdient und sind zumindest weitgehend abgeschrieben. Bis auf die Konden-

sations-Gaskraftwerke (ca. 15 GW) hatten die meisten Kraftwerke zudem auch in den letzten Jahren weiterhin positive Cashflows; sie verdienten also operativ Geld, wenn auch längst nicht so viel wie im letzten Jahrzehnt.
- Die meisten dieser Kraftwerke wurden zudem noch im Schutz des Monopols (vor 1998) gebaut und haben daher den Betreibern ohnehin deutlich mehr Gewinn gebracht als ursprünglich geplant.
- Die Einführung des europäischen CO_2-Handels im Jahr 2005 hatte einen wichtigen, für die Kraftwerksbetreiber sehr positiven Effekt: Sie konnten den Wert der CO_2-Zertifikate nach korrekter betriebswirtschaftlicher Logik „einpreisen", d. h. sich von den Stromkunden bezahlen lassen. Sie hatten auf der anderen Seite aber keine höheren Kosten, da ihnen bis 2012 die CO_2-Zertifikate kostenlos zugeteilt („geschenkt") wurden. Diese „Windfall Profits", d. h. zusätzliche Gewinne ohne mehr Leistung, haben sich in den Jahren 2005 bis 2012 auf ca. 35 Mrd.€ summiert.

Nüchtern betrachtet ergibt sich daraus folgendes Bild: Ein wirkliches betriebswirtschaftliches Problem gab es für die Kraftwerksbetreiber jedenfalls bisher nur für die nach 2005 gebauten (Kondensations-)Kraftwerke, die mit Steinkohle oder Erdgas betrieben werden; sie machen mit ca. 15 GW etwa 15 % des konventionellen Kraftwerkparks aus. Diese Anlagen sind noch nicht abgeschrieben und befinden sich daher (in der Vollkostenrechnung) aktuell in den roten Zahlen. Den Investitionskosten in diese neuen Kraftwerke von etwa 10–15 Mrd.€ in den Jahren 2005 bis 2015 stehen aber 35 Mrd.€ Zusatzgewinne gegenüber.

Daher ist es – vielleicht auf den ersten Blick schon, nach genauerer Betrachtung aber – nicht berechtigt und nicht überzeugend, wenn sich jetzt Betreiber konventioneller Kraftwerke bei der Energiewende bzw. bei der Politik über die verschlechterte betriebswirtschaftliche Situation des Geschäftszweigs „Stromerzeugung" beklagen.

Diese Aussage bedeutet freilich nicht, dass es nicht sinnvoll und wichtig wäre, die betriebswirtschaftlichen Rahmenbedingungen für die konventionellen Kraftwerke perspektivisch – d. h. im nächsten Jahrzehnt – wieder zu verbessern, einerseits um dann voraussichtlich erforderliche Neubauten im Markt zu ermöglichen, andererseits aber auch, um die zentrale Funktion für die Versorgungssicherheit, die der konventionelle Kraftwerkspark neben der reinen Stromproduktion zunehmend erfüllt, zu honorieren.

Frage 5: Zerstört die Energiewende das Geschäftsmodell der Stadtwerke?

I. Nein.

II. **Von den drei wesentlichen Geschäftsbereichen der Stromwirtschaft – Stromerzeugung, Stromnetze, Stromvertrieb – ist durch die Energiewende substanziell nur der Bereich Stromerzeugung betroffen; und dieser Bereich spielt für die meisten Stadtwerke keine oder nur eine untergeordnete Rolle.**

III. Von den ca. 800 Stadtwerken (kommunalen Energieversorgungsunternehmen), die in Deutschland im Strommarkt tätig sind, hatten und haben etwa 700 (insbesondere aufgrund der Struktur der konventionellen Stromerzeugung: wenige, sehr kapitalintensive Großkraftwerke) keine signifikanten

Aktivitäten im Bereich konventioneller Stromerzeugung. Sie sind daher nicht von den negativen betriebswirtschaftlichen Folgen für die konventionellen Kraftwerke durch die Energiewende betroffen – im Gegenteil, sie gehören oftmals zu den Gewinnern der Energiewende, weil sie in EE-Anlagen mit in der Regel guten Renditen investiert haben.

Auch bei den restlichen ca. 100, in der Regel größeren Stadtwerken spielt die Stromerzeugung nur für eine Minderheit von 20 bis 30 Unternehmen eine wirklich substanzielle Rolle. Und für diese Unternehmen gilt – bis auf Einzelfälle, die aber nicht Maßstab für eine Beurteilung sein können –, was zu Frage 4 ausgeführt wurde: Sie haben zehn Jahre lang sehr viel Geld mit der Stromerzeugung verdient, sodas allzu große Klagen oder Vorwürfe an die aktuelle Energiepolitik nicht überzeugen können.

Frage 6: Kostet die Energiewende tatsächlich „unfassbar viel Geld" – können wir sie uns volkswirtschaftlich überhaupt leisten?

I. Ja (wir können sie uns leisten).

II. Die Energiewende wird bis 2030 voraussichtlich nominal 600–650 Mrd.€ an Subventionen bzw. Subventionsverpflichtungen erfordern; dieses Geld bleibt jedoch (per Saldo) in der Volkswirtschaft, führt also in erster Linie zu internen Umverteilungen; und alle wesentlichen volkswirtschaftlichen Finanzströme werden durch die Energiewende nur in Größenordnungen von unter 1 % beeinflusst.

III. Mit „volkswirtschaftlichen Kosten" der Energiewende meinen wir hier im Kern die Subventionen, die die Volkswirtschaft für den Ausbau der EE im Strombereich aufbringen muss. Die anderen direkt der Energiewende zuordenbaren negativen und positiven Kosteneffekte (Netzausbau; geringere Strompreise an der Strombörse; vermiedener Bau konventioneller Kraftwerke u. a.) sind deutlich kleiner und heben sich weitgehend gegenseitig auf. Diese Kosten lassen sich für die Energiewende-Entwicklung bis 2030 – d. h. bis zu einem Punkt, ab dem mindestens die Hälfte des Stroms aus EE kommen soll und der etwa zwei Drittel des Weges zum Energiewende-Ziel im Jahr 2050 markiert – relativ gut abschätzen. Sie werden voraussichtlich 600–650 Mrd. € betragen: Subventionen, die insgesamt über den Zeitraum 2000 bis 2050 und im Schwerpunkt in den 25 Jahren zwischen 2010 und 2035 mit durchschnittlich ca. 20 Mrd.€ zu bezahlen sind.

Diese Summe liegt nominal weit höher als die historischen Subventionen für die Kernenergie (geschätzt ca. 150 Mrd.€, ohne zukünftige Endlagerkosten) oder für die deutsche Steinkohle (geschätzt ca. 280 Mrd.€). Und schon jetzt geben die Kosten Anlass zu Schlagworten in den Medien wie „unfassbar teuer", „Kostenexplosion bei der Energiewende" u. Ä.

Zur richtigen Beurteilung dieser Zahl sollte man aber eine Reihe von Aspekten berücksichtigen:

- Außenhandels- und Leistungsbilanz der deutschen Volkswirtschaft werden im Saldo kaum berührt, d. h., diese Gelder verbleiben in der Volkswirtschaft. Mit ihnen werden vor allem Umsätze deutscher Wind- und PV-Firmen, die Finanzierungskosten und die Renditen der Investoren in die EE-Anlagen sowie schließlich laufende Kosten für

Wartung/Instandhaltung, Versicherungen, Pachten für die erforderlichen Flächen etc. bezahlt.
- Geht man von einer moderaten Inflation von 1–2 % pro Jahr und einem moderaten realen Wirtschaftswachstum von ca. 1 % pro Jahr aus, so werden die Subventionen voraussichtlich im Durchschnitt jährlich nur ca. 0,35 % des BIP ausmachen.
- Die zugrunde liegenden Investitionen in EE-Anlagen von ca. 300 Mrd.€ (2000–2030) oder durchschnittlich ca. 10 Mrd.€ pro Jahr machen nur etwa 2 % der gesamten deutschen Investitionen in Anlagegüter aus.
- Die Energiekosten für die deutschen Verbraucher – private Haushalte, Handel/Dienstleistungen, Industrie – sind tatsächlich stark gestiegen: von in den 90er-Jahren etwa 130–140 Mrd.€ pro Jahr auf in den letzten Jahren ca. 250 Mrd.€ pro Jahr. Dies ist aber primär *nicht* eine Folge der Energiewende; sie ist dafür nur zu etwa 20 % verantwortlich. Die Hauptgründe sind vielmehr höhere weltweite Preise für Erdöl, Kohle und Erdgas (allein plus 60 Mrd.€ pro Jahr) und höhere Steuern.

Aus diesen Gründen erscheint die verbreitete Auffassung, die Energiewende sei „zu teuer", nicht überzeugend. Wir *können* uns die Energiewende leisten. Die eigentliche Frage ist vielmehr, ob wir sie uns als Gesellschaft leisten *wollen*, d. h. welchen Stellenwert, welchen Platz in der Wertehierarchie wir (den Motiven) der Energiewende im Vergleich zu anderen wesentlichen gesellschaftlichen Anliegen beimessen.

In diesem Zusammenhang seien zum Vergleich die Kosten – relativ zur Größe der Volkswirtschaft, d. h. zum BIP – einiger anderer gesellschaftlicher Projekte aufgeführt:

- Die (direkten) Subventionen für die deutsche Steinkohle – aus dem Motiv einer geringeren Abhängigkeit von Energieimporten aus dem Ausland heraus entstanden – haben sich in den Jahren 1970 bis 2010 auf ca. 280 Mrd.€ summiert; das bedeutet einen Anteil am BIP in diesen Jahren von durchschnittlich ca. 0,3 %.
- Das amerikanische Apollo-Programm – aus dem Motiv der Mondlandung heraus entstanden – kostete in den Jahren 1961 bis 1972 (nach damaligen Preisen) etwa 24 Mrd.$; das bedeutete damals einen Anteil am amerikanischen BIP von durchschnittlich ca. 0,2 %.
- Die deutsche Wiedervereinigung hat nach konservativer Schätzung in den Jahren 1991 bis 2010 mindestens 600 Milliarden € gekostet; das bedeutete in diesen Jahren einen Anteil am BIP von durchschnittlich ca. 1,2 %.

Im Zusammenhang mit den Kosten der Energiewende gibt es ein weiteres gewichtiges Argument, das Befürworter der Energiewende oft anführen: Die volkswirtschaftliche Bilanz der Energiewende sei positiv, so das Argument, weil bis 2050 der Wert der eingesparten Importe fossiler Energieträger viel höher sei als die volkswirtschaftlichen Kosten der Energiewende.

Diesen Optimismus können wir freilich auch nicht teilen. Das Argument beruht nämlich auf einer zentralen Annahme: der Annahme, dass bis 2050 die Weltmarktpreise für Öl, Kohle und Erdgas weiter *deutlich steigen* – wie in den vergangenen Jahrzehnten (bis etwa 2010/2011) auch. In den letzten Jahren sind diese Preise jedoch *deutlich gefallen* und die weitere Entwicklung ist unseres Erachtens völlig offen.

Eine letzte Bemerkung: Ein erheblicher Teil der volkswirtschaftlichen Kosten im oben genannten Sinne ist darauf zurückzuführen, dass Deutschland einen besonders anspruchsvollen energiepolitischen Weg gewählt hat: den massiven Ausbau der EE *und* den zügigen Ausstieg aus der ebenfalls CO_2-freien Kernenergie.

Frage 7: Sind die großen Stromtrassen von Norden nach Süden wirklich erforderlich?

I. (Im Kern:) Ja.

II. Die neuen großen Strom-Transportleitungen vom Norden Deutschlands in den Süden, die bis ca. 2025 gebaut werden sollen, sind rein technisch gesehen nicht notwendig; sie stellen aber unter den verschiedenen technischen Optionen zur mittelfristigen Umsetzung der Energiewende die mit Abstand volkswirtschaftlich günstigste Option dar.

III. Grundsätzlich ist es viel kosteneffizienter, innerhalb Deutschlands EE-Anlagen – insbesondere Windkraftanlagen – an geografisch optimalen Standorten zu bauen und dann gegebenenfalls zusätzliche Transportnetze zu den Schwerpunkten des Stromverbrauchs zu bauen, als umgekehrt den EE-Anlagenbau – wie bisher den Bau konventioneller Kraftwerke – daran zu orientieren, wo der Strom gebraucht wird (und so zusätzliche Netze zu vermeiden).

Aus diesem Grund ist es *rein technisch nicht zwingend, aber volkswirtschaftlich sinnvoll*, dass der Windausbau schwerpunktmäßig (aktuell ca. 70 %) im Norden Deutschlands und der PV-Ausbau schwerpunktmäßig (aktuell ca. 50 %) im Süden Deutschlands stattfindet.

Dies führt aber dazu, dass schon jetzt und zunehmend dann im nächsten Jahrzehnt an vielen Stunden im Jahr der im Norden produzierte Windstrom dort nicht mehr sinnvoll verbraucht werden kann – er muss entweder gespeichert (und dann zu anderen Zeiten im Norden verbraucht) oder in den Süden transportiert werden.

Letzteres ist deutlich kostengünstiger: Mit aktuell für den Norden verfügbaren Technologien kostet es mindestens 20 Cent, eine Kilowattstunde Strom zu speichern; der Transport einer Kilowattstunde Strom vom Norden in den Süden Deutschlands mit neuen oberirdischen Stromleitungen kostet dagegen maximal ca. 1,5 Cent. Man kann zwar annehmen, dass die Kosten der Speichertechnologien in den nächsten fünf bis zehn Jahren drastisch sinken werden: sicherlich auf 5–7 Cent/kWh, vielleicht auch auf 3 Cent/kWh –, aber dennoch bleibt längerfristig der (oberirdische) Stromtransport die mit Abstand kosteneffizientere Option.

Gleichzeitig ist Bayern durch den Ausstieg aus der Kernenergie besonders betroffen; die entstehende Lücke (ca. 5 GW, ca. 40 TWh) kann entweder – zumindest zum Teil – mit bereits vorhandenem Windstrom aus dem Norden oder mit neuen Gaskraftwerken im Süden geschlossen werden.

Hier ist Ersteres deutlich günstiger: Eine Kilowattstunde Strom aus neuen Gaskraftwerken kostet, selbst bei guter Auslastung (5000 h), mindestens 5 Cent. Demgegenüber steht vorhandener Windstrom, der für ca. 1,5 Cent/kWh in den Süden transportiert werden kann.

Hinzu kommt Folgendes: 2015 lag die EE-Stromproduktion im Norden bereits bei etwa 100 TWh; im Jahr 2030 werden es – nach dem heute absehbaren weiteren Ausbaupfad der EE – mindestens ca. 180 TWh sein, bei einer installierten

Tab. 20.1 Stromverbrauch und EE-Produktion in den Regionen (in TWh)

Region	Brutto-Stromverbrauch 2015	EE-Produktion 2015	EE-Stromproduktion 2030 (Prognose)
Norden	140	100	180
Mitte	240	35	50
Süden	220	60	70
Gesamt	**600**	**195**	**300**

Norden = Bundesländer NS, SH, HB, HH, MV, BB, B, SAA; Mitte = Bundesländer NRW, HE, TH, SA; Süden = Bundesländer BY, BW, RP, SL

EE-Leistung von über 90 GW. Der gesamte Stromverbrauch im Norden beträgt aber nur 140 TWh bei einer Spitzenlast von ca. 30 GW (Tab. 20.1).

Das bedeutet: Wenn man nicht sehr erhebliche EE-Strommengen einfach „wegwerfen" und damit die Energiewende-Ziele gefährden will (und wenn man nicht bereits im nächsten Jahrzehnt die – auf längere Sicht noch sehr teure – Power-to-Gas-Technologie einsetzen will), dann ist es *unabdingbar*, dass erhebliche Strommengen und Stromleistungen vom Norden in andere Regionen Deutschlands und vornehmlich in den Süden transportiert werden können – deutlich mehr als mit den heute existierenden Stromnetzen machbar (ca. 15 GW).

Grundsätzlich muss man sagen: Die gesamte Konzeption der Energiewende – u. a. die den politischen Entscheidungen 2011 zugrunde liegenden Studien – beruht darauf, dass alle *Synergien* zwischen den Teilen Deutschlands bzw. zwischen den Bundesländern ausgenutzt werden. Gibt man diese Synergien auf (d. h. würde man etwa den Zielzustand 2050 bzgl. der Stromerzeugung für jedes Bundesland einzeln verwirklichen), so würden die Kosten dramatisch höher liegen – ganz abgesehen davon, dass die Einheitlichkeit des deutschen Strommarktes in Gefahr und die Kompatibilität mit EU-Recht zweifelhaft wäre.

Aus demselben Gedankengang heraus ist klar, dass die Erschließung weiterer Synergien mit den europäischen Nachbarländern grundsätzlich sinnvoll ist und kostensenkend wäre.

Diese Überlegungen sind klar und eindeutig, und sie führten in den Jahren 2011 bis 2014 zu konsensualem Vorgehen und entsprechenden Planungen bei Bundesregierung, Landesregierungen, Bundesnetzagentur und Übertragungsnetzbetreibern. Verursacht durch einen nicht anders als populistisch zu nennenden Schwenk der bayerischen Landesregierung bezüglich dieses Themas im Jahr 2014 gibt es jetzt – nach längerem politischem Streit – insofern eine substanzielle Änderung in den Planungen, als neue Übertragungsnetze von Norden nach Süden zwar gebaut, aber vorrangig mit unterirdischen Kabeln statt oberirdischen Stromleitungen realisiert werden sollen. Dies erhöht die Kosten nach gegenwärtigen, noch ungenauen Schätzungen mindestens um das Dreifache(!). Man sieht anhand der oben genannten Zahlen schnell, dass dies den eindeutigen Kostenvorteil von Stromtransport gegenüber Speicherung/Stromerzeugung mit Gaskraftwerken infrage stellt.

Insgesamt überwiegen dennoch die Argumente für die neuen Stromtransportleitungen und insbesondere für die beiden großen Netzausbauprojekte vom Norden nach Bayern. Man wird aber sagen müssen, dass an diesem wichtigen Punkt die Kosteneffizienz der Energiewende wieder einmal auf dem Altar anderer politischer Interessen geopfert wurde. Dies ist – vergleiche dazu auch Frage 10 – eine problematische Entwicklung.

Frage 8: Hilft die Energiewende dem Klimaschutz überhaupt – in Deutschland/weltweit?

I. Ja/offen.

II. Das wichtigste Motiv der Energiewende – die drastische Senkung der CO_2-Emissionen – wird in Bezug auf die *deutschen* CO_2-Emissionen aus heutiger Sicht zwar relativ langsam, aber schließlich doch vollständig erreicht; inwieweit dies allerdings einen spürbaren Einfluss auf die eigentlich relevanten *weltweiten* CO_2-Emissionen und damit auf den Klimawandel hat, hängt an der Exportfähigkeit von Energiewende-Technologien und -Konzepten und ist derzeit offen.

III. Die klare internationale Mehrheit der Wissenschaftler ist der Überzeugung, dass die anthropogenen CO_2-Emissionen die Hauptursache für den zu beobachtenden aktuellen Klimawandel auf der Erde darstellen. Und sie propagiert das 2°-Prinzip, d. h. ist der Überzeugung, dass es gelingen muss, den Anstieg der weltweiten Durchschnittstemperatur auf maximal 2° gegenüber dem vorindustriellen Niveau zu begrenzen, damit die Folgen des Klimawandels einigermaßen beherrscht werden können.

Folgt man diesen Überzeugungen – wie zuletzt im Juni 2015 beim G7-Gipfel auf Schloss Elmau und vor allem auch im Dezember 2015 bei der Pariser Klimakonferenz geschehen –, so stehen insbesondere die Industrieländer in der Verpflichtung, ihre Wirtschaften und Gesellschaften zu „dekarbonisieren", d. h. ihre CO_2-Emissionen drastisch zu senken.

Tab. 20.2 Deutsche CO_2-Emissionen aus der Stromerzeugung (ohne Stromexporte) (in Mio.t)

Jahr	CO_2-Emissionen
2000	330
2010	305
2015	270
2030	200 (Prognose)
2050	40–60 (Plan)

Die deutsche Energiewende verfolgt eben dies als wichtigstes Motiv: Durch sie sollen die energiebedingten CO_2-Emissionen in Deutschland von ursprünglich (1990) ca. 1000 Mio.t und dann 2010/2011 etwa 800 Mio.t auf 150–200 Mio.t im Jahr 2050 sinken. Im Strombereich ist eine Senkung der CO_2-Emissionen aus der Stromerzeugung von ursprünglich (1990) ca. 360 Mio.t und dann ca. 300 Mio.t im Jahr 2010 auf ca. 50 Mio.t im Jahr 2050 geplant.

Diese CO_2-Senkung auch im Stromsektor wird durch die Energiewende im Strombereich (dem Thema dieses Buches) zwar relativ langsam verlaufen, aber aus heutiger Sicht tatsächlich erfolgen (Tab. 20.2).

Der wesentliche Grund für die Langsamkeit dieser Entwicklung liegt im gleichzeitigen Ausstieg aus der CO_2-freien Kernenergie.

In den beiden anderen wesentlichen Energiesektoren Wärme und Verkehr hat es demgegenüber seit 2010 praktisch keine Senkung der CO_2-Emissionen gegeben.

Angesichts dieses Bildes und angesichts des – für die Volkswirtschaft durchaus leistbaren, aber doch – erheblichen finanziellen Aufwandes für die Energiewende kann man sehr berechtigt die Frage stellen: Wäre es nicht sinnvoll gewesen/ ist es nicht für die Zukunft geboten, statt der Energiewende im Stromsektor lieber die „Energiewende" im Verkehrs- und im Wärmesektor voranzutreiben?

Geht man dieser Frage nach (vgl. Kap. 16, Abschn. „CO_2-Effizienz"), so zeigt sich jedoch, dass sie letztlich verneint werden muss: Es gibt zwar durchaus eine Reihe von gegenüber der aktuellen Energiewende (im Stromsektor) deutlich günstigeren Möglichkeiten, CO_2-Emissionen im Wärmesektor und im Verkehrssektor zu reduzieren; diese Potenziale reichen aber bei Weitem nicht aus, um den Zielzustand im Jahr 2050 zu erreichen. Mit anderen Worten: Die drastische Reduktion der CO_2-Emissionen (auch) bei der Stromerzeugung – d. h. die Energiewende im hier diskutierten Sinn – ist unverzichtbar, wenn man in Deutschland die CO_2-Emissionen in dem Umfang senken will, wie es sich die Bundesregierung vorgenommen hat und wie es auch im Klimavertrag von Paris anvisiert ist.

Auch bezüglich der zweiten Fragestellung, – hilft die Energiewende überhaupt dem *weltweiten* Klimaschutz? – gibt es ernst zu nehmende Zweifel, die in aktuellen Diskussionen immer wieder angeführt werden: Man kann sich vor Augen führen, dass die Energiewende seit 2000 die CO_2-Emissionen im Stromsektor nur um ca. 60 Mio.t pro Jahr gesenkt hat; dies entspricht über 20 Jahre gerechnet dem CO_2-Ausstoß weltweit in einem Zeitraum von etwa zwei Wochen.

Plakativ formuliert: Deutschland gibt 400 Milliarden € aus, um den Klimawandel gerade einmal um zwei Wochen aufzuhalten.

Es scheint offensichtlich, dass dies kein besonders gutes Verhältnis ist – jedenfalls dann nicht, wenn man Folgendes annimmt: Es gibt *durch Deutschland realisierbare Maßnahmen zur CO_2-Senkung in anderen Ländern*, die eine deutlich höhere CO_2-Kosteneffizienz im Vergleich zur Energiewende (die auf die CO_2-Senkung *in Deutschland* ausgerichtet ist) aufweisen.

Man muss der Politik also die Frage stellen: Wäre es nicht sinnvoll gewesen/ist es nicht für die Zukunft geboten, einen Teil der erheblichen Mittel und der politischen Anstrengung, die in die Energiewende fließen, direkter für die weltweite CO_2-Senkung einzusetzen und so schnellere und größere Wirkungen zu erzielen?

Diese Frage ist nicht von der Hand zu weisen, und sie stellt wohl den wichtigsten berechtigten Vorwurf an die Energiewende-Konzeption bzw. die wichtigste Aufforderung an zukünftige energiepolitische Weichenstellungen in Deutschland dar.

Um es noch einmal anders zu formulieren: Gegenwärtig setzt Deutschland bezüglich der weltweiten Wirkung seiner Klimapolitik im Kern auf die *Vorbildfunktion der Energiewende* in technischer, konzeptioneller und wohl auch moralischer Hinsicht. Wie auch immer man diese Vorbildfunktion, d. h. die Exportfähigkeit von Energiewende-Technologien und politischen Energiewende-Konzepten, aktuell und für die Zukunft beurteilt: Es fehlt die *systematische Prüfung anderer Möglichkeiten* für Deutschland zur direkteren Einwirkung auf die CO_2-Emissionen in anderen Ländern.

Diese Frage, dieser Vorwurf und diese Aufforderung zur systematischen Prüfung richten sich allerdings nicht nur an die Politik, sondern auch an die politikberatende Wissenschaft, an die Verbände und letztlich auch an die Gesellschaft insgesamt.

Zudem muss man wohl davon ausgehen, dass ohne eine Vorbildfunktion, d. h. ohne einen konsequenten, nachprüfbaren Pfad zur CO_2-Senkung im eigenen Land solche Bemühungen in anderen Ländern bzw. für andere Länder politisch zum Scheitern verurteilt wären.

Es geht also im Kern um die Frage der Priorisierung und zeitlichen Taktung von internationalen Maßnahmen im Verhältnis zur aktuellen, fast ausschließlich inlandsorientierten Energiewende. Der auf den weltweiten Klimakonferenzen in Kopenhagen (2009) und Paris (2015) vereinbarte Klimafonds – zunächst 100 Mrd.€ pro Jahr ab 2020 – ist ein wesentlicher Schritt der Industrieländer in diese Richtung.

Frage 9: Ist die Energiewende „alternativlos", wenn man eine klimaschutzorientierte Energiepolitik in Deutschland machen will?

I. (Weitgehend:) Ja.

II. Grundsätzlich ist der Ausbau der erneuerbaren Energien die einzige verbleibende Option für eine drastische Senkung der strombedingten (deutschen) CO_2-Emissionen, wenn die Gesellschaft die beiden Alternativen „Kernenergie" und „CCS-Technologie" nicht will, wie es in Deutschland der Fall ist; das Tempo dieses Ausbaus könnte allerdings in einem gewissen Umfang auch anders gestaltet werden.

III. Die gesamten Treibhausgas-Emissionen in Deutschland (2015 ca. 900 Mio.t: 800 Mio.t CO_2, 100 Mio.t andere Treibhausgase) werden mit fast 85 % (= 750 Mio.t) klar dominiert von den energiebedingten CO_2-Emissionen; diese werden verursacht durch Stromerzeugung, Wärmeerzeugung und Verkehr.

Im Jahr 2050 sollen die energiebedingten CO_2-Emissionen noch ca. 150–200 Mio.t betragen, damit Deutschland als Industrieland seinen Beitrag zum 2°-Prinzip leistet und die eigenen Klimaemissionen dann um 80 % gegenüber 1990 reduziert hat. Dazu aber müssen – das zeigen alle heutigen Abschätzungen über die verschiedenen CO_2-Senkungsmöglichkeiten in den Sektoren Strom, Wärme, Verkehr – die CO_2-Emissionen bei der Stromerzeugung auf ca. 50 Mio.t zurückgehen: **Eine konsequente Klimaschutzpolitik, eine „Dekarbonisierung der Industriegesellschaft", ist ohne eine weitestgehend CO2-freie Stromerzeugung nicht möglich.**

Es gibt heute nur drei bekannte CO_2-arme Grundtechnologien bei der Stromerzeugung:

- erneuerbare Energien,
- Kernenergie,
- konventionelle Stromerzeugung aus fossilen Brennstoffen + CCS.

Da der Ausstieg aus der Kernenergie in Deutschland politisch beschlossen und breiter gesellschaftlicher Konsens ist, bliebe neben dem Energiewende-Weg des Ausbaus der EE nur noch die Alternative, den fossilen Kraftwerkspark in Deutschland flächendeckend mit CCS-Technologie (**C**arbon **C**apture and **S**torage) zu ergänzen, d. h. das CO_2 aus den Abgasen der Kraftwerke herauszufiltern und in geeigneter Form unterirdisch dauerhaft einzulagern.

Diese Alternative wäre insofern einfacher, als dass die Stromerzeugung in Deutschland von der Struktur her – bis auf die

Abschaltung der Kernkraftwerke – unverändert erhalten bleiben könnte, und d. h. vor allem: Es könnten die erheblichen systemischen Folgen des Ausbaus der EE vermieden werden.

Sie hat jedoch auch gravierende Nachteile:

- Es ist bisher nicht klar, ob bzw. ab wann ein derart massiver Einsatz von CCS rein technisch möglich wäre, d. h. wann die Technik wirklich ausgereift sein wird.
- Nach heutiger Kenntnis können mit CCS nur ca. 70 % der CO_2-Emissionen der fossilen Kraftwerke vermieden werden; das Ziel von ca. 50 Mio.t CO_2 in der Stromerzeugung ist so nicht erreichbar.
- Die Kosten der CCS-Technologie können noch nicht wirklich abgeschätzt werden.
- Unabhängig von diesen technisch-wirtschaftlichen Aspekten ist auch festzuhalten, dass ein weiteres langjähriges und durchaus gewichtiges Motiv der deutschen Energiepolitik – die Senkung der Abhängigkeit vom Import fossiler Energieträger – auf diese Weise nicht erreicht werden würde.
- Schließlich haben die letzten Jahre klar gezeigt: Es gibt in Deutschland keine Akzeptanz in der Gesellschaft für die langfristige Einlagerung von CO_2 in unterirdischen Lagerstätten.

Insgesamt kann daher – *in Deutschland – die CCS-Technologie letztlich nicht als gangbarer Weg in eine CO_2-arme Zukunft*, in eine dekarbonisierte Stromwirtschaft gelten. Das heißt, die Energiewende mit ihrem Fokus auf den Ausbau der EE in der Stromerzeugung ist in diesem Sinne tatsächlich „alternativlos".

Bezüglich der Geschwindigkeit des EE-Ausbaus sind dagegen Zweifel durchaus erlaubt: In den letzten fünf Jahren (2011–2015) wurde die EE-Stromproduktion um ca. 90 TWh gesteigert. Würde die Energiewende mit dieser Geschwindigkeit weitergehen, so wäre der für 2050 anvisierte Zielzustand von 400–450 TWh schon um das Jahr 2030 erreicht. Andersherum gesagt: Mit Blick auf den Gesamtzeitraum 2010 bis 2050 hätte ein Zubau in diesen fünf Jahren von 40-50 TWh ausgereicht.

Allein dieses überhöhte und unnötige Tempo verursacht sehr erhebliche Mehrkosten (Größenordnung: 40–60 Mrd. €).

Wenn sich die Energiewende den drei wesentlichen politischen Rahmenbedingungen – Versorgungssicherheit, Wirtschaftlichkeit/Kosteneffizienz und Marktwirtschaft in der Stromerzeugung – unterwirft, dann folgt aus der prinzipiellen Alternativlosigkeit der Energiewende-Zielsetzungen, dass wesentliche Konturen der zukünftigen Energielandschaft in Deutschland unvermeidbar festliegen:

- neue Stromtrassen von Norden nach Süden;
- zusätzliche Energieinfrastruktur in erheblichem Umfang;
- Kleinteiligkeit und physische Präsenz der EE-Anlagen (vor allem PV- und Windkraftanlagen) in vielen Regionen Deutschlands;
- Beherrschung der zeitlichen Schwankungen bei der EE-Stromproduktion mit neuen Technologien;
- wirtschaftlich-gesellschaftlich eine Vielzahl von Akteuren in der Stromerzeugung (im krassen Gegensatz zum langjährigen „Oligopol der vier Großen").

Es gibt demgegenüber aber auch wesentliche Aspekte der Energiewende, bei denen es *mehrere* vernünftige Alternativen der Umsetzung, *mehrere* gute Optionen für den weiteren Energiewende-Weg gibt und geben wird. Mit anderen Worten: **Die konkrete Umsetzung der Energiewende ist ganz sicher nicht alternativlos.** Im Gegenteil wird es immer wieder die Notwendigkeit geben, zwischen verschiedenen Alternativen politisch zu entscheiden, die technisch-konzeptionell gleichermaßen möglich sind und bezüglich derer auch Kostenabschätzungen keine klare Präferenz zeigen.

Frage 10: Ist die Energiewende noch zu retten oder ist sie schon – in vielerlei Hinsicht – gescheitert?

I. Ja (sie ist noch zu retten).

II. Die Energiewende ist nicht – auch nicht in Teilen – gescheitert, und auch die Prophezeiungen ihres zukünftigen Scheiterns beruhen auf Argumenten, die größtenteils nicht haltbar sind. Aber vor allem eines dieser Argumente weist sehr wohl auf eine Kern-Herausforderung hin, dem sich die Energiewende-Politik stellen muss.

III. „Energiewende: auf dem Weg in die Sackgasse" (FAZ, Mai 2015); „Deutschlands gescheiterte Klimapolitik" (FAZ, Mai 2015); „Die deutsche Energiewende läuft sehenden Auges gegen die Wand" (Handelsblatt, Februar 2015); „Die Energiewende ist in vielen Dimensionen fehlgeschlagen" (CDU-Wirtschaftsrat, Februar 2015); „Energiewende ins Nichts" (Hans-Werner Sinn, Dezember 2013) ... Es gibt wahrlich keinen Mangel an prominenten Stimmen, die ein Scheitern der Energiewende bereits feststellen oder zumindest prophezeien.

Unabhängig von aller konkreten diesbezüglichen Argumentation ist es zumindest überraschend, wenn bei einem Großprojekt mit einer Laufzeit von 40 Jahren bereits nach vier Jahren (= 10 % der Laufzeit) ein finales Urteil über dieses Projekt gefällt wird. Dies wäre aus unserer Sicht höchstens dann gerechtfertigt, wenn es in diesen vier Jahren entweder

- eine – vorher nicht vorhandene – Einsicht in ein unüberwindbares technisches Hindernis
- oder eine offensichtliche Untragbarkeit der Kosten
- oder aus einem anderen Grund einen radikalen Sinneswandel in der Politik bzw. der sie tragenden Gesellschaft in Bezug auf die Energiewende

gegeben hätte. Dies ist jedoch eindeutig nicht der Fall.

Schauen wir uns jedoch an, welche konkreten Argumentationen hinter diesen Urteilen stehen. Sie fallen im Wesentlichen in vier Gruppen:

(1) Die erste Gruppe von Argumenten betrifft die Klimawirkung der Energiewende; sie „gehe gegen null", d. h., sie sei viel zu gering.

(2) Die zweite Gruppe von Argumenten betrifft die Kosten der Energiewende und deren Auswirkungen auf die Wettbewerbsfähigkeit der Unternehmen bzw. auf die Kaufkraft der privaten Haushalte.

(3) Die dritte Gruppe von Argumenten betrifft die etablierte Energiewirtschaft: Die „Zerstörung des Geschäftsmodells der Energieversorgungsunternehmen" und der „Niedergang" vor allem der großen deutschen Stromerzeuger wird beklagt.

(4) Die vierte Gruppe von Argumenten schließlich betrifft die politische Steuerung der Energiewende, und zwar in zweierlei Hinsicht:

- Zum einen fehle es an Verlässlichkeit und Stabilität in den politischen Rahmenbedingungen, überhaupt an klarer politischer Steuerung.
- Zum anderen – und damit im Zusammenhang – drohe die Energiewende zwischen den vielen Partikularinteressen und vor allem den lokalen und regionalen Opportunismen zerrieben zu werden.

Im Kern haben wir die Themen (1), (2) und (3) in diesem vierten Teil bereits behandelt:

Zu (1): Diese Argumente belegen nicht das Scheitern der Energiewende und sie stellen diese auch nicht grundsätzlich infrage: Die drastische Senkung der CO_2-Emissionen auch in Deutschland und insbesondere auch im Stromsektor ist unverzichtbar.

Sie weisen aber zurecht darauf hin, dass in der zukünftigen Energiepolitik deutlich mehr politische Anstrengung und mehr Mittel in die Senkung der *weltweiten* CO_2-Emissionen fließen sollten.

Zu (2): Wir haben gesehen, dass die tatsächlichen Belastungen für Wirtschaft und Haushalte durch die Energiewende in aller Regel zu keiner signifikanten, auf jeden Fall keiner unzumutbaren Änderung der wirtschaftlichen Verhältnisse führen. Andere Entwicklungen innerhalb und außerhalb des Energiesektors (z. B. Entwicklung des Ölpreises (und damit des Benzinpreises); Entwicklung der Löhne; Entwicklung von Zinssätzen; Entwicklung von Wechselkursen) haben ähnliche oder deutlich gravierendere Auswirkungen.

Zu (3): Diese Argumente verkennen erstens die Historie der Stromerzeugung in Deutschland. Sie verkennen zweitens die Tatsache, dass die Stromerzeugung eben nur ein Geschäftsfeld der etablierten Energieversorgungsunternehmen unter mehreren ist. Und drittens verkennen sie die Tatsache, dass insgesamt die Stromerzeugung für die großen Unternehmen E.ON, RWE und EnBW auch in den letzten Jahren weiterhin ein profitables Geschäft war.

Insbesondere aber sollte klar sein, dass jeder technologische Strukturwandel Gewinner und Verlierer kennt und dass es zum großen Teil am einzelnen Unternehmen liegt, sich durch kluges, vorausschauendes Management in einem solchen Strukturwandel zu behaupten.

Gegenüber technologischen Entwicklungen in anderen Branchen ist das Tempo dieses Strukturwandels zudem eher als moderat zu bezeichnen; es lässt den Unternehmen ausreichend Zeit zur Anpassung.

Zu (4): Bezüglich dieser Argumente knüpfen wir hier an das an, was wir am Ende des ersten Teils dieses Buches gesagt haben:

Die Energiewende führt systemisch zu einem Energiesystem, das kleinteilig, dezentral, komplex, optisch vielerorts präsent, von vielen Akteuren mitgestaltet ist; und dessen

Entwicklung damit eine Vielzahl von Interessen bei vielen Akteuren berührt. Damit stellt sie unvermeidlich jetzt und in Zukunft hohe Anforderungen an die politische Steuerung und an das Verantwortungsbewusstsein der politischen Institutionen in unserem Land.

Schaut man unter diesem Blickwinkel auf die vergangenen fünf Jahre, wird man zweifellos Defizite feststellen müssen: Die zu lange währende Überförderung von PV-Anlagen oder die Haltung der bayerischen Landesregierung zu neuen Stromtrassen sind Beispiele dafür. Es wäre aber zweifellos unfair, wenn man nicht auch Fortschritte konstatieren würde: Die EEG-Reformen 2014 und 2016 und das neue Strommarktgesetz 2016 mögen hier als Beispiele genügen.

Allgemeiner gesprochen: Bei einem derart großen, komplexen und langfristigen Projekt wie der Energiewende sollte man allen Beteiligten und insbesondere auch den politisch Verantwortlichen eine gewisse Lernkurve zugestehen. Es sollte jedoch in den nächsten Jahren zunehmend deutlich werden, dass diese Lernkurve auch beschritten wird.

Zusammenfassung

Die Energiewende wird nicht an der Technik scheitern, und sie wird sehr wahrscheinlich auch nicht an den (objektiv erforderlichen) Kosten scheitern. Wenn sie scheitert, dann am mangelnden Mut, zu den systemischen Folgen, den „Zumutungen" durch die Energiewende zu stehen; an der mangelnden Fähigkeit zu klarer politischer Führung, um die als richtig, ja alternativlos erkannten Grundzüge der Energiewende gegen die Vielzahl von Partikularinteressen durchzusetzen.

Es ist insbesondere der Bundesregierung zu wünschen – auch um der internationalen Wirkung der deutschen Klimapolitik willen –, dass sie diesen Mut und diese Fähigkeit aufbringt. Die Voraussetzungen dafür sind gut: ein ungebrochen starker Grundkonsens in Politik, Wirtschaft und Gesellschaft für die Energiewende.

Anhang

1. Die in diesem Buch verwendeten Zahlen und Daten sind mit wenigen Ausnahmen den Internetseiten der folgenden Organisationen entnommen bzw. aus den dort verfügbaren Informationen abgeleitet:
   - AG Energiebilanzen (AGEB),
   - Bundesministerium für Wirtschaft und Energie (BMWi),
   - Bundesministerium für Umwelt (BMUB),
   - Umweltbundesamt (UBA),
   - Statistisches Bundesamt,
   - Bundesnetzagentur (BNA),
   - Bundesverband der Energie und Wasserwirtschaft (BdEW),
   - Übertragungsnetzbetreiber (ÜNB) – netztransparenz.de,
   - European Energy Exchange (EEX, dt. Strombörse).

2. Für die Erstellung dieses Buches waren folgende Dokumente besonders wichtig, die größtenteils auf den oben genannten Internetseiten zu finden sind:
    1. AGEB: Auswertungstabellen zur Energiebilanz Deutschland 1990–2014
    2. AGEB: Stromerzeugung nach Energieträgern 1990–2015
    3. AGEB: Energieverbrauch in Deutschland 2015
    4. BMWi: Energie in Deutschland – Trends und Hintergründe zur Energieversorgung
    5. BMWi: Erneuerbare Energien im Jahr 2015
    6. BMWi: Beschäftigung durch erneuerbare Energien in Deutschland, 2015
    7. BMUB: Leitstudie 2011 (Langfristszenarien und Strategien für den Ausbau der erneuerbaren Energien in Deutschland, 29.03.2012)
    8. UBA: Entwicklung der spezifischen CO_2-Emissionen des deutschen Strommix in den Jahren 1990–2015
    9. UBA: Berichterstattung unter der Klimarahmenkonvention der Vereinten Nationen und dem Kyoto-Protokoll 2016
    10. UBA: Anthropogene Treibhausgasemissionen in Deutschland im Jahr 2015 (erste Schätzung)
    11. BNA: Kraftwerksliste November 2015
    12. BdEW: Erneuerbare Energien und das EEG: Zahlen, Daten, Grafiken (2015)
    13. BdEW: Bio-Erdgas: Fragen, Antworten und Argumente
    14. ÜNB: Konzept der ÜNB zur Prognose und Berechnung der EEG-Umlage 2016

15. Carbon Leakage: Ein schleichender Prozess – DB Research 2013
16. Kosten und Potenziale der Vermeidung von Treibhausgas-Emissionen in Deutschland – BDI 2007/2009
17. Kostenlose CO_2-Zertifikate und CDM/JI im EU-Emssionshandel, Öko-Institut 2010
18. DIW-Wochenbericht Nr. 41/2010
19. Energie für Deutschland 2016, Weltenergierat-Deutschland e. V.
20. BAFA, Aufkommen und Export von Erdgas sowie die Entwicklung der Grenzübergangspreise ab 1991

3. Im Folgenden werden die wesentlichen Quellen für die im Buch verwendeten Tabellen aufgeführt; die Nummern beziehen sich auf die Dokumente unter Punkt 2. (A) steht für die durchgehend im Buch getroffene Annahme, dass aufgrund der aktuellen Merit Order Stromexporte im Wesentlichen aus Steinkohlekraftwerken stammen.

Tabelle 1.1: (3)
Tabelle 1.2: (3),(19)
Tabelle 1.3: (1),(3), 2015 abgeleitet aus den Daten für 2014
Tabelle 1.4: (3)
Tabelle 1.5: (3),(19)
Tabelle 1.6: (3)
Tabelle 1.7: (9),(10)
Tabelle 1.8: (8),(10)
Tabelle 1.9: (9),(19), 2015 abgeleitet aus den Daten für 2014
Tabelle 1.10: (8),(A)
Tabelle 1.11: (3),(20)

Tabelle 1.12: (3),(4),(20)
Tabelle 2.1: Wikipedia, „Kernkraftwerke in Deutschland"
Tabelle 2.2: (2)
Tabelle 2.3: (2),(7)
Tabelle 2.4: (3),(7)
Tabelle 2.5 und 2.6: (2),(7),(A)
Tabelle 4.1 und 4.2: Internetseite der UN: unfcc.int
Tabelle 8.1: (13)
Tabelle 8.2: Diverse Quellen zum Stromverbrauch der Bundesländer, eigene Berechnungen
Tabelle 8.3: (2),(7), Fraunhofer ISE: Energy Charts
Tabelle 8.4: Fraunhofer ISE: Energy Charts
Tabelle 10.1: (7),(11)
Tabelle 10.2: (7),(14), Fraunhofer ISE: Energy Charts
Tabelle 10.3: (3),(7)
Tabelle 11.1: (7),(8),(A)
Tabelle 11.2: (2),(7)
Tabelle 11.3: (8)
Tabelle 11.4: (8),(A)
Tabelle 11.5: (2),(7),(A)
Tabelle 12.1: Internetseite der BNA („SAIDI-Wert")
Tabelle 13.1: (7),(14)
Tabelle 13.2: (2),(7),(14)
Tabelle 13.3: (2), eigene Berechnungen
Tabelle 16.1: (2), eigene Berechnungen
Tabelle 17.1: (2),(7), eigene Berechnungen
Tabelle 17.2: (7), eigene Berechnungen
Tabelle 20.1: (2),(12), Tabelle 8.2, eigene Berechnungen
Tabelle 20.2: (7),(8),(A), eigene Berechnungen

4. Für den dritten Teil des Buches dienten die Quellen (4), (5), (6), (12) sowie Daten des Statistischen Bundesamtes als wesentliche Grundlagen.

GPSR Compliance
The European Union's (EU) General Product Safety Regulation (GPSR) is a set
of rules that requires consumer products to be safe and our obligations to
ensure this.

If you have any concerns about our products, you can contact us on

ProductSafety@springernature.com

In case Publisher is established outside the EU, the EU authorized
representative is:

Springer Nature Customer Service Center GmbH
Europaplatz 3
69115 Heidelberg, Germany

www.ingramcontent.com/pod-product-compliance
Lightning Source LLC
Chambersburg PA
CBHW071717100426
42873CB00016B/318